広報PR・
マーケッター
のための

The textbook of YouTube
Video Marketing

YouTube動画
マーケティング
最強の教科書

木村 健人 著

秀和システム

はじめに

　本書は、YouTubeを活用した動画マーケティング・プロモーションを検討する企業に向けて、具体的にどのような手法で、どのような段階を経て、必要なマーケティングデータを入手し、プロモーションを行うのかについて解説します。

　近年、多くの企業がマス・メディアやWeb"以外の"プロモーション手法を求めており、YouTube動画はその有力な選択肢の一つとなっています。一方で、多くの企業が具体的にどのような動画を制作すればよいのか、どのようにして動画マーケティングを行うのかについて悩みや疑問を持っています。本書は、企業の広報PR・マーケッターの方が抱える、こうした悩みや疑問に応えることを目的としています。

　YouTubeは「動画を視聴するためのWebサイト」というイメージが強く、また視聴される動画もエンタテインメントが中心というイメージがあります。しかし別の面から見ると、世界で2番目に利用されている検索エンジンであり、またこれまでの映像メディアとは違い、ユーザーが能動的、選択的に動画を視聴するプラットフォームでもあります。

　企業が動画マーケティング・プロモーションを行うためには、映像としてのクオリティだけでなく、「ユーザーがどのような動画を求めているのか」「YouTubeはどのように動画を表示するのか」について理解する必要があります。つまり、ユーザーが求める動画の選定と、YouTubeが動画を表示する仕組みの理解という2点が、動画マーケティング・プロモーションの成否を分けるのです。

　動画マーケティングでは、公開した動画が「誰から視聴されているか」を分析することで、ユーザーが好む動画の傾向を把握しようとします。そのためには、YouTubeが動画を表示する仕組みの理解が必要です。

　なぜなら、視聴回数が極端に少ない場合、動画の内容ではなく、YouTubeの動画表示の仕組みに適していないことが原因のことがあるからです。視聴回数が増えなければ、十分な視聴データを集めることができず、結果として動画マーケティングができなかったということになりかねません。

動画マーケティングを有益なものとするためには、さらにこれから制作する動画が誰に向けたものであるかを明確にしておく必要があります。

　ターゲットが不明確であると、動画の公開後に視聴データを分析しても、その結果が良いか悪いか評価できません。ターゲットを明確にしておくことで、「想定したユーザー属性から視聴されたか」という、わかりやすい評価ができます。

　そこで本書では、まず効果的に動画マーケティング・プロモーションを行うための調査方法と、調査に必要なツールについて解説しました。そして調査によって得られたデータから、具体的にどのような動画を作るべきかについて、事例を交えながら説明しました。

　さらに、こうした調査に加えて、Web上に存在するクチコミから、商品に対するユーザーのニーズやシーズを様々な手法を用いて分析することで、動画マーケティング・プロモーションにおいて押さえるべきポイントを解説しています。

　本書が様々な企業の宣伝広報やマーケティングを担当されている方々にとって、YouTubeの活用や動画マーケティング・プロモーション活動を検討する上での一助になれば、それに勝る喜びはありません。

2021年6月　木村　健人

Chapter 3 ▶ チャンネル設計
── 動画プロモーションの基本戦略

Chapter 4 ▶ YouTubeアルゴリズムが好む動画
── プラットフォームの特長を押さえる

Chapter 5 ▶ クチコミ分析
──ユーザーは商品の何を見ているのか

Column

YouTubeでの市場調査

──動画企画に必須の事前準備

　企業がYouTubeを活用したプロモーションを始めるにあたって、まず直面する問題が「どのような動画を作ればよいのか」です。しかし動画の制作に入る前に、「業界内にはどのような動画があるのか」「ユーザーはどのようなキーワードで検索を行うのか」といった調査が必要となります。本章では、YouTubeにおける市場調査の概要と考え方について解説します。

YouTube 動画の市場調査とは

● YouTube 上には膨大なサンプルデータが存在する
● 動画はユーザーから選択されてはじめて視聴される
● どんな動画が選択されているかを調査することが重要

▶ YouTubeに公開されている動画は貴重なサンプルデータ

　市場調査とは、サービスや商品を提供する上で、消費者の動向や市場の分析などを行うことを指し、主に企業の意思決定に活用するために行います。YouTubeでいうと、サービスや商品は**動画**であり、消費者の動向は**視聴傾向**です。競合企業は**類似チャンネル**であり、属する業界は**チャンネルで取り扱うテーマ**です。

　一般的な商品展開の場合、どのような業界であっても一定の参入障壁があります。しかしYouTubeにおいては、参入障壁はほとんどありません。スマートフォンさえあれば、誰でも動画を投稿できるからです。

　YouTube上には、すでに膨大な量の動画が公開されています。このことは自分の動画が視聴される確率が低くなるといえますが、視点を変えると、多くの**サンプルデータ**が存在することでもあります。つまり、動画を制作する前に自分が企画している動画と似たものを探し、その動画がどの程度の視聴回数を獲得しているかを把握することで、制作実施の意思決定ができるということです。

▶ ユーザーから選択されて初めて視聴される

　映画やテレビなどの従来の映像メディア、あるいは電車内のモニターや駅構内のデジタルサイネージなどの映像メディアは、投映された映像を見ることが基本であり、視聴者が能動的に映像を選択することはありません。そのため映像に対する興味度を計測することはできても、視聴者が自発的に選択したかどうかを計測することは困難です。一方、YouTubeはユーザーが自発的にどの映像を見るかを選択できるプラットフォームです。

　YouTubeには分単位で膨大な量の動画がアップロードされており、ユーザーに与えられる選択肢は日々増加しています。YouTube上でユーザーからの視聴を獲得するには、まず「自分の動画が選択される」必要があります。そのためには、YouTubeに

公開されているあらゆる動画を調査し、どのような動画が視聴される傾向にあるのかを把握することが重要となります。視聴回数の多い動画を調査することで、ユーザーがどんな動画を視聴したいと思うのかを知ることができます。

YouTubeの利用に関する統計情報（1-1-1）	
計測項目	数値
MAU（1月当たりの利用者数）	全世界20億人（statista,2019）
インターネットユーザーの利用割合	79%のインターネットユーザーがYouTubeアカウントを所有（Datareportal, 2019）
対応言語数	80言語（YouTube, 2019）
国内の全年代利用者割合	72.2%（総務省, 2017）
一日あたりの総再生時間数	全世界10億時間（YouTube, 2019）
ビジネス目的でのYouTube活用の割合	62%（Buffer, 2019）
携帯端末での視聴割合	70%以上
YouTubeで新たな商品を発見するユーザーの割合	90%（Thinkwithgoogle, 2019）
1分あたりの動画アップロード時間数	500時間（Tubefilter, 2019）
YouTubeが持つ携帯端末でのインターネットトラフィックの割合	37%（Statista, 2019）

MAU、対応言語数を見ると、世界中のユーザーがYouTubeを利用していることがわかる。最近では動画タイトルと概要欄の翻訳機能も強化されている。たとえば、日本語の動画でタイトルと概要欄を日本語で入力し、翻訳設定でタイトルと概要欄に英語を設定すると、YouTube検索結果画面では英語で表示されるように仕様が変更された。1本の動画で海外ユーザーにもプロモーションしたいときには、良いプロモーションツールになると言える。

2 調査の目的について

- どんな「チャンネル」と「動画」が公開されているかを知る
- 検索キーワードを調査することでユーザーの視聴ニーズを把握する
- 各キーワードで競合する動画が何本表示されるかを把握する

▶ 動画制作の意思決定を行うために調査を実施

　動画の制作を開始する前に、まずどのような動画がYouTube上に公開されているかを把握する必要があります。ただし、このとき目的を定めずに調査を進めると、調査結果は漠然としたものとなり、意思決定に活用することは難しくなります。

　YouTubeプロモーションにおける企業の目的は、**ブランド認知の向上**や**消費者へのリーチ数の増加**など様々です。それらを実現するためには、そもそも動画が視聴されなければなりません。

　そこで効率よく視聴を獲得するために、まず調査時点でYouTube上に**誰が**、**どのような動画**を公開しているかを調査します。つまり自社の業界と関連する**チャンネル**と**動画**の2点を調査することが、市場調査の第1段階となります。

▶ YouTube上で「誰が」競合チャンネルかを調査

　たとえば、パソコン周辺機器の製造メーカーが「PC用ディスプレイ」の動画を制作することを考えてみましょう。

　PC用ディスプレイのような商品は、YouTubeクリエイターが**レビュー動画**を公開している可能性が高いと考えられます。YouTubeクリエイターの中にはガジェットを中心に紹介するチャンネルもあるので、彼らがどのような動画を投稿しているのかを調査します。ほかにも、PC周辺機器を中心に動画を展開するチャンネルが存在するかもしれません。家電量販店が動画を公開していることもあります。競合となるメーカー企業がどのような動画を公開しているかも調査が必要です。

　自社の業界にどのような**チャンネル**が存在するかを中心に調査すると、「誰が」類似する動画を制作しているかを把握することができます（図1-2-1）。

▶ どんな動画がすでに存在するかを調査

　チャンネルではなく**動画を指標**とした場合は、どのような動画が公開されているのかを調査します。YouTubeでは、必ずしも1つのチャンネルが1つのテーマで動画を公開しているわけではありません。お菓子のレビュー動画を投稿しているチャンネルが、PC用ディスプレイの動画を投稿していることもあります。

　動画を指標とした調査で重要なことは、**何を解説している動画か**を把握することです。PC用ディスプレイでいえば、デザインについてレビューしている動画もあれば、スペックについてレビューしている動画もあります。複数の商品と比較してランク付けしている動画も存在するかもしれません。それらの動画がどのくらい視聴回数を獲得しているかを調査することで、**動画のテーマ**を何にすえて制作を行うべきかがわかってきます。

`『pc＿ディスプレイ』でチャンネルを対象としたときの検索結果画面（1-2-1）`

PCに特化したチャンネルのほかに、企業のチャンネルも混在していることがわかる。

▶ ユーザーの行動傾向と表示される動画の数を把握する

チャンネルと動画の調査によって、「誰が動画を公開しているか」と「どのようなテーマが適しているか」を把握します。

チャンネルの登録者数や動画の視聴回数などは、ユーザーの反応を数値化したものです。数字の裏には、見たい動画が表示されそうなキーワードで検索を行ったり、表示された動画の中から1つの動画を選択したりといった、ユーザー自身の行動があります。こうしたユーザーの行動と、その結果として表示される動画の数を調査することが、YouTubeにおける市場調査の第2段階の目的となります。

YouTubeで何かを視聴したいと思ったとき、ユーザーは検索エンジンを利用するときと同様に**キーワード検索**を行います。どのようなキーワードで検索するかはユーザーによって様々ですが、調査によっておおよその傾向は把握できます。PC用ディスプレイの例では、検索キーワードはデザインに関するものが多いのか、スペックに関するものが多いのかなどです。

▶ 検索で表示される動画の数を指標に制作優先度を決める

ユーザーはキーワード検索の結果、画面に表示される動画の中から興味があるものを選択して視聴します。このとき、表示される動画の数が少なければ、選択肢の母数が少ないので、自分の動画が選択される確率は高まります。逆に、表示される動画の数が多ければ、ユーザーにとっては選択肢が増えますが、企業にとっては自分の動画が選択される確率が下がります。

そこで、自分の動画が視聴される確率を高めるためには、まず特定のキーワードで検索をしたときに、どのぐらいの動画が表示されるかを調査します。どのようなキーワードで検索されているのか、そのキーワードで表示される動画の数はいくつあるのかを把握することで、動画制作に対する意思決定を行うことができます。

▶ 自分の動画が埋もれないために動画の数を調査する

キーワード検索で表示される動画の数は、そのキーワードで動画が作りやすいかどうかの指標にもなります。キーワードは動画のテーマを表すので、表示される動画の数が多いものは、他の動画投稿者にとっても作りやすいテーマといえます。

たとえば、国内のみで販売されているスナック菓子と、海外で販売されているスナック菓子では、レビュー動画の投稿者の数は大きく異なります。そのテーマの動画を作ることが可能な動画投稿者の数を調査することで、制作予定の動画が埋もれやす

いかどうかを判断することができます。

　ただし、すでに多くの動画投稿者が存在するテーマであることがわかっていても、企業の動画プロモーションとして、そのテーマの動画が必要であることもあります。このような場合は、他のテーマの動画を優先して制作し、チャンネル内の動画の視聴を獲得した後に、動画投稿者の多いテーマを制作するとよいでしょう。

『pc＿ディスプレイ』での検索結果画面（1-2-2）

YouTubeクリエイターによる動画が多く投稿される中で、上位2番目に表示されている動画はモニターメーカーが公開する動画である。すでにどのような動画が公開されているかを知ることでユーザーが触れる可能性がある動画を事前に確認する必要がある。

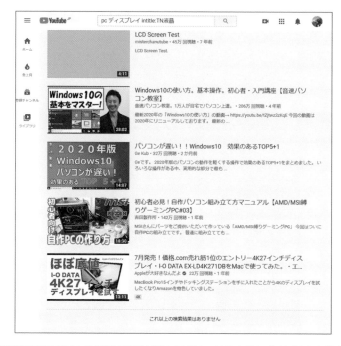

検索結果画面に表示される動画の数が少ない場合、このように「これ以上の検索結果
はありません」と表示される。

 動画が増えると検索順位は下がる

　動画の数は、もちろん調査した時点での数です。調査時点では少なかったのに、後から増
えるということもあります。たとえば、マスメディアなどで取り上げられたりすると、動画の
数は顕著に増加します。

　そこで動画を調査するときに考えておきたいことが、**今後、動画が増える可能性**です。
YouTube検索では、視聴回数と同時に**動画の公開日**も重視されます。つまり、新しい動画の
方が古い動画より上位に表示されやすいということです。既出の動画は、新しい動画が公開
されると、検索順位が下がります。

　あるテーマについて、他の投稿者が動画を公開する可能性は、そのテーマの動画が作りや
すいかどうかによります。企業チャンネルとしては、一般の投稿者では作ることが難しく、そ
の企業ならではの情報を取り入れた動画を制作するとよいでしょう。

Chapter 1

3

YouTubeの市場状況を把握するための第1段階調査の流れ

- ● ビッグワードで表示される動画の概要を把握する
- ● 訴求対象となるキーワードでどのような動画が表示されるか把握する
- ● 業界に特化したチャンネルの存在を事前に知る

▶ ビッグワードを中心にキーワードを絞り込む

　YouTubeにおける市場調査の第1段階は、どのような動画やチャンネルが存在するかを調査することです。まず制作予定の動画の主題となるキーワードで検索をしたときに、どのような動画が表示されるかを確認します。初めは大枠の状況を把握するために、検索キーワードをあまり絞らず、**ビッグワード**で検索します。ビッグワードとは、「パソコン」など商品やサービスを大きなカテゴリで分類する言葉です。類似する複数のビッグワードで検索し、どのような動画が表示されるのかを調査します。

　通常、動画には大きなテーマがあり、さらにそれを細分化した項目があります。たとえば商品の紹介動画には、細分化した項目に「デザイン性」「機能性」「特徴」などがあります。ビッグワードでどのような動画が表示されるかを概ね把握した後は、制作予定の動画に含まれる各項目をキーワード化し、ビッグワードの後にこのキーワードを追加することで、1つの検索フレーズをつくります。そして、この検索フレーズで検索したときに表示される動画を調べます。

▶ チャンネルの調査対象はYouTubeクリエイターから競合企業と多岐にわたる

　動画の調査を進めていくと、どのようなチャンネルが多く出てくるか徐々に把握できます。動画の状況を把握した後は、業界に関連する動画を公開しているチャンネルに、どのようなものがあるかを調べます。YouTubeクリエイターのチャンネルや、メーカー企業の場合は小売業者や競合企業のチャンネルも対象となります。

　中でも知っておくべきは、特定の業界に特化したチャンネルです。**業界特化型のチャンネル**は、類似するキーワードで検索したときに、そのチャンネルの動画が複数表示されることがあります。特定の業界について様々な角度で制作した動画を複数に分けて公開しているため、視聴回数や評価数などからユーザーの視聴ニーズの傾向を

把握することができます。これらをチャンネル調査の段階できちんと確認しておきます。

▶ 動画調査からチャンネルを探して調査対象を絞り込む

　YouTubeの市場調査は、ゼロの状態から開始して、徐々に情報を収集していくことになります。調査の初期段階では、動画とチャンネルを区別せず、YouTube検索でどのような動画が表示されるかを見ていくことをおすすめします。検索結果画面に表示された動画を見ていくと、よく出てくるチャンネルを見つけ出すことができます。

　検索結果画面に多く表示されるチャンネルを見つけたら、そのチャンネルがどのような動画を公開しているかを見ていきます。動画の中には、視聴回数が極端に多いものや少ないものがある場合があります。ほとんどのYouTubeチャンネルでは、公開している各動画の視聴回数にばらつきがあります。チャンネル内で視聴回数が多いものに絞って見ていくと、たとえば商品名がタイトルの中に入っていたり、解説するテーマが共通しているなどの傾向が見えてきます。

▶ ユーザーからの視聴ニーズを複数のチャンネルから確認する

　一つのチャンネルの傾向からだけでは、ユーザーの視聴ニーズを判断することはできません。そこで再度、YouTube検索の結果画面に戻って、別のYouTubeチャンネルも調査します。他にも頻出するチャンネルがあれば、そのチャンネルが公開する動画も同様に、視聴回数にどのようなばらつきがあるかを確認します。複数のチャンネルを調査することで、共通の傾向を掴むようにします。

　このように、YouTube検索の結果画面で表示された動画と、各チャンネルで公開されている動画を相互に見ていくことで、動画テーマのYouTubeにおける市場状況を把握していきます。

『パソコン』の検索結果画面（1-3-1）

パソコン購入時の選び方やレビュー動画などが表示される。パソコンについての知識を伝える動画も表示されることがわかる。

『パソコン』でチャンネルを対象としたときの検索結果画面（1-3-2）

パソコンに関する知識を伝えるチャンネルや業界に特化したチャンネルが表示されることがわかる。チャンネル検索は、そのチャンネルが公開している動画の本数とチャンネル登録者数が確認できる。

4 動画調査の目的と調査方法

- 何をテーマとし、どのように動画内で説明しているかを把握する
- 「フィルタ機能」で最新の動画の公開状況を把握する
- 70%の視聴はYouTubeによっておすすめされた動画による視聴である

▶ 他の動画は何を説明しているのか

どのような動画が公開されているかを把握したら、その動画が**何を説明しているか**と**どのように説明しているか**を調べます。

「何を説明しているか」については、その商品やサービスのどのような側面を解説している動画が多いかが主な調査項目となります。たとえば、コーヒーについての動画を調査してみましょう。『コーヒー』と検索すると、上位表示された動画のタイトルに「作り方」が多く含まれていることがわかります（図1-4-1）。「淹れ方」と表現されている動画も存在しています。コーヒーの作り方や淹れ方など、How To系の動画が多く投稿されていることがわかります。How To系のほかにも、「道具」や「グッズ」といった言葉が含まれています。コーヒーを楽しむ上で、どのような道具を揃えればよいかを知りたいというニーズがあるようです。

▶ 流行りが見られるキーワードが「アップロード日」で調査

コーヒーの検索例では、さらに「ダルゴナ」というキーワードも多く含まれていることがわかります。「作り方」や「淹れ方」を含む動画は、数か月前から数年前に投稿されていますが、「ダルゴナ」は、1日前など最近投稿された動画が多いようです。

このように何か流行の傾向が見られる場合は、**フィルタ機能**で動画の表示順序を**アップロード日**とすると、投稿日の浅い順に動画を並べ替えることができます（図1-4-2）。すると、コーヒーと関連性の薄い動画も表示されますが、「ダルゴナ」を含む動画も多く公開されていることがわかります。

検索結果から大まかな動画の傾向を把握し、気になる要素を発見した場合は、フィルタ機能を使用することで、より正確に調査することができます。

『コーヒー』の検索結果画面（1-4-1）

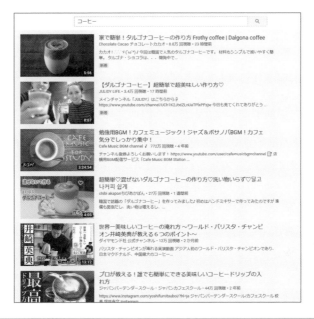

『コーヒー』の検索結果に「アップロード日」の並べ替えフィルタを適応した検索結果（1-4-2）

▶️ 動画を制作する前にどのように説明するかを調査する

調査した動画が「何を説明しているか」に加えて、「どのように説明しているか」についても調べます。

YouTube CPOのNeal Mohan氏は、ユーザーによるYouTubeの視聴時間のうち、70%はYouTubeによっておすすめされた動画であると発表しています。これは**トップページや関連動画**などに表示される動画のことで、ユーザーの視聴傾向に合わせて表示されるものです。たとえば猫の動画を多く見るユーザーに対して、YouTubeはそのユーザーがまだ視聴していない猫の動画や、ほかの動物に関する動画などをトップページや関連動画でおすすめします。この仕組みにより、ユーザーはトップページや関連動画を通じて似たような動画を視聴しているといえます。

人によって好みが異なるように、チャンネルによっても動画の作り方は異なります。あるユーザーが同じような動画を視聴し続けているということは、そのユーザーには慣れ親しんだフォーマットがあるということです。全く異なる動画を制作してしまっては、彼らの好みから外れてしまう可能性が高くなります。もちろん異なる動画を制作してもよいのですが、そうであったとしても、既存の動画がどのように作られているのか、制作前に把握しておいた方がよいでしょう。

▶️ 同じテーマの動画でも表現方法が異なるものがある

コーヒーの検索例では、「作り方」や「淹れ方」などの動画と、「道具」や「グッズ」に関する動画が多いことがわかりました。次は、それらの動画が「どのように説明しているか」を調査します。

「作り方」や「淹れ方」を解説した動画は、解説の方法が大きく2種類に分かれています。1種類目は、テロップやナレーションを最小限にして、**工程を中心に見せる動画**です（図1-4-3）。それぞれの工程をアップで見せるシーンが多くあり、また一つ一つのカットが短く、ナレーションの代わりにテロップを使用しながらも、表示回数は最小限にとどめています。BGMはジャズ風で落ち着いて視聴できます。

2種類目は、動画に出演者が登場し、**喋りながら解説をする動画**です（図1-4-4）。工程よりも知識やテクニックを解説する傾向があります。チャンネルは企業やスクールであり、出演者は専門知識を持った人たちです。

検索結果に表示される数は1種類目の動画の方が多いのですが、視聴回数は2種類目の方が多いです。つまり、1種類目の動画が必ずしも視聴回数を集めるというわけではなく、2種類目のような動画にもニーズがあるといえます。

工程を中心に見せる動画（1-4-3）

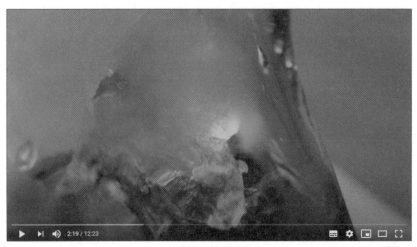

https://www.youtube.com/watch?v=nejV_aPVMwg

専門知識を中心に見せる動画（1-4-4）

https://www.youtube.com/watch?v=o3eMg4DYLKo

工程を中心に見せる動画では、目で見て楽しめるよう工夫がされている。一方、専門知識を解説しながら展開している動画では、動画だから伝えられるテクニックを交えながら解説していることが多い。

チャンネル調査の目的と調査方法

- 類似するチャンネルの公開する動画から企画の幅を広げられる
- チャンネルによって同じテーマでも異なる表現方法があることを知る
- フィルタ機能を活用してチャンネルのみを効率よく検索する

▶ 業界と関連するチャンネルはどのようなものが存在するのか

チャンネル調査は主に業界と関連するチャンネルの存在を把握することが目的ですが、そのほかにも「見せ方の角度」と「どのようなコンテンツが視聴を集めるか」を把握する目的があります。

動画調査と同じように、まずは関連するキーワードを入力し、表示される動画の公開元となっているチャンネルを調査します。『コーヒー』と検索したときに表示される動画のチャンネルを調査してみましょう。すると、コーヒー以外の動画も公開しているチャンネルと、コーヒーの動画のみを公開するチャンネルがあることがわかります。

▶ メインテーマと付随するモノを使って動画の幅を広げる

コーヒー以外の動画も公開しているチャンネルでは、ケーキやキャンディー、アクセサリーなどの動画も公開しています（図1-5-1）。コーヒーを訴求する動画のみでは幅が狭まってしまう可能性がありますが、ケーキやキャンディーなどの動画を組み合わせることで、企画の幅やリーチできるユーザー層が広がる可能性があります。

一方、コーヒーの動画のみを公開するチャンネルでは、様々なコーヒーを紹介するほか、コーヒーを淹れる道具などが紹介されています（図1-5-2）。このようなチャンネルの動画にも2種類があります。工程を中心に解説する動画と、出演者がコーヒーについて解説する動画です。どちらにも共通するのは、コーヒーの紹介よりも、道具の紹介の方が視聴を集めやすい傾向があることです。コーヒーは人によって好みが分かれますが、道具は好みに関わらず必要になります。また道具については、商品レビューとして視聴されている可能性も考えらます。

コーヒー以外の動画も公開するチャンネルの例（1-5-1）

https://www.youtube.com/channel/UCqzebzc9N19X3MVFnuFYtRw/videos

コーヒーの動画のみ公開するチャンネルの例（1-5-2）

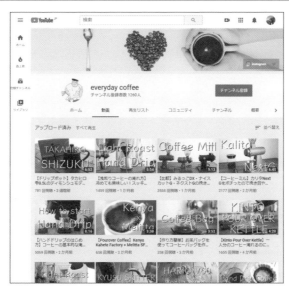

https://www.youtube.com/channel/UCnMNoLgqhkbUkLmSXxtG9pw/videos

▶ YouTubeの機能でチャンネルのみを調査する方法

　YouTubeには、表示される動画からチャンネルを調査する方法のほか、チャンネルそのものを検索する方法もあります。YouTubeの**フィルタ機能**で、検索キーワードを含んだチャンネルを検索できます。チャンネル検索では、動画の検索では発見できなかったチャンネルを発見できることがあります。

チャンネルを検索する方法（1-5-3）

「フィルタ」から「チャンネル」をクリックすると、検索結果画面にチャンネルのみを表示できる。チャンネル登録者数や動画の本数を把握することができる。

　チャンネル検索では、チャンネル名やチャンネルの概要欄の文章中に検索キーワードが含まれているものが表示されます。たとえば『コーヒー』で検索したとき、チャンネル名やチャンネルの概要欄に「コーヒー」の単語が含まれていなければ、コーヒーに関する動画を投稿していても、検索結果には表示されません。そのため、検索に表示されるチャンネルは、そのキーワードを中心に動画を投稿している可能性が高いと考えられます。

　また、チャンネル検索では、表示されたチャンネルの**動画投稿数**を確認することができます。これは主に、競合企業のチャンネルの調査に活用できます。動画の投稿数は指標の一つとして確認すべきことです。

　競合企業のチャンネルを探し出したいとき、動画検索では、チャンネルの名前が漢字やカタカナ表記ではなく英字表記である場合があるため、発見までに時間がかかることがあります。このようなとき、チャンネル検索ではチャンネルのみが表示されるため、素早く発見することができます。

「コーヒー」という単語を含むチャンネルを調べる方法（1-5-4）

演算子を使わずにチャンネル検索をすると、検索キーワードと関連があるチャンネルも検索結果画面に表示される。「intitle:」という演算子を使って検索を行うと、チャンネル名に特定の単語を含むもののみを表示できる。上図は「コーヒー」をチャンネル名に含むもののみを表示した例である。演算子を使ってチャンネル検索すると、使用した演算子に該当するチャンネルのみが検索結果画面に表示されるため、検索結果に表示されるチャンネルの数を知ることができる。

6 ユーザーの視聴ニーズを 把握するための事前調査

- 公開して間もない動画はYouTube検索結果画面に上位表示されやすい
- 検索キーワードからユーザーが見たい動画を推測する
- 表示動画数から競合する動画の多さを把握する

▶ 新しい動画はYouTube検索からの視聴を獲得しやすい

　YouTubeに公開されている動画の全体像を把握したら、具体的にどのような動画を制作すべきかを検討します。動画のテーマ選定において、一つの指標となるのは**キーワードの月間検索量**です。

　YouTubeには、**YouTube検索**、**関連動画**、**トップページ**の主に3つの視聴経路があります（図1-6-1）。このうち、YouTube検索はユーザーの検索によって動画が表示されるため、新しい動画としては視聴回数を獲得しやすい視聴経路といえます。

　そこで、YouTube検索で視聴してもらうために、キーワードの月間検索量を事前に調査します。ユーザーが具体的にどのようなキーワードで検索しているのかを知ることが、**視聴ニーズ**を把握し、切り口で動画を制作すれば良いかを決める指標となります。まずは検索量の多いキーワードをテーマとした動画から制作するのが効率的です。

▶ キーワードの検索量は季節で変わる

　キーワードの検索量を調べる上で注意すべきことは、ユーザーの検索キーワードは1年を通じて変化するということです。特に**季節**に左右されるサービスや商品の場合には注意が必要です。たとえば、私たちは夏には花火大会を調べたり、冬にはクリスマスイベントを調べたりします。浴衣を検索するユーザーは、冬よりも夏の方が多いでしょう。

　動画を公開するタイミングだけで視聴回数が変化することもあるので、ユーザーがどの季節にどのようなキーワードで検索を行うのかを把握する必要があります。

YouTubeでの主な視聴トラフィック（1-6-1）

YouTube検索

関連動画

トップページ

▶ 表示される動画の数はそのキーワードの競合度を表す

　キーワードの検索量と同じく重要な指標が**表示動画数**です。表示動画数は、特定の
キーワードで検索したときに表示される動画の数です。

　検索量の多いキーワードの場合、表示される動画の数も多い傾向があります。すで
に一定の**チャンネル登録者**を獲得しているチャンネルならば、競合動画の多いキー
ワードで制作しても一定の視聴数を見込めるかもしれません。しかし、これからチャン
ネルを開設する場合や、チャンネル登録者数がまだ少ない場合は、競合動画の多い
キーワードをテーマに動画を制作することはあまりおすすめできません（図1-6-2）。

▶ 狙い目のキーワードを判断する方法

　キーワードの検索量と表示動画数の調査を様々な角度から進めていくと、「**検索量
は多いが、表示動画数は少ない**」というキーワードを発見することがあります。ニーズ
が多いにも関わらず、投稿されている動画の数が少ない状態です。こうしたキーワー
ドの動画を制作することは、企業の宣伝・広報との関係性が薄かったとしても、**チャ
ンネル認知**の面で有益となり得ます。

　「チャンネル登録者が少ない」または「動画の視聴回数が少ない」原因の多くは、「**動
画の表示回数が少ない**」または「**チャンネル認知度が低い**」ことです。宣伝・広報に直
結しなくても、公式チャンネルの認知向上を目的とした動画を制作することも必要と
なります。

✒ Column　表示動画数が多いことがよい場合もある

　表示動画数が少ないということは、類似する動画が少ないということです。これから
YouTubeを活用した動画プロモーションを行う企業では、競合となる動画が少なく、
YouTubeで多く検索されているキーワードを中心に企画を考えるとよいでしょう。

　一方で、**類似する動画が多い方が良い**というケースもあります。これはすでにYouTubeチャ
ンネルを活用しており、動画を公開すると一定の視聴回数が期待できる場合に限定されます。

　ただし、類似する動画が少なければ、YouTubeの主な視聴経路の一つである**関連動画**を経
由した視聴回数を獲得しづらくなります。同じテーマの他人の動画が視聴回数を多く獲得し
ていれば、その動画に自分の動画が関連動画として表示されるので、結果として自分の動画
の視聴回数が増加するということがあります。そのため、必ずしも表示動画数が少ないキー
ワードやテーマが適切というわけではありません。

　動画を公開したときに視聴回数が期待できる割合に応じて、競合度の高いテーマを選択す
るかどうかを判断することがおすすめです。

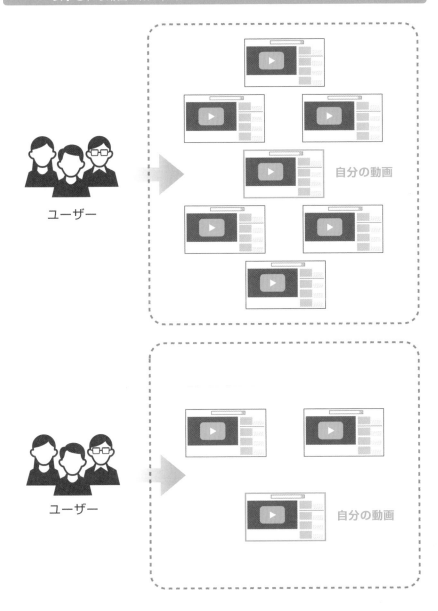

検索結果に表示される動画の数は多い場合、自分の動画が検索結果画面から発見される可能性が低くなる。一方表示される動画の数が少なければ、ユーザーによりリーチしやすくなる。まずは自分の動画がユーザーに発見され、視聴を獲得することが目的となる。

YouTubeの市場状況を把握するための第2段階調査の流れ

- 検索キーワードからユーザーの潜在的なニーズを把握する
- 各キーワードで検索した時に表示される動画の数を把握する
- 競合する動画が少なく、検索量の多いキーワードをターゲットキーワードとする

▶ ユーザーはどんなキーワードで検索するのか

　YouTubeにおける市場調査の第1段階は、動画とチャンネルの調査でした。制作予定の動画が他のどのような動画と並べられるのか、動画の視聴に至るまでにユーザーがどのような選択肢を持っているのかを把握しました。また、どのようなチャンネルが存在するのか、どのような動画が視聴を集めるのかを把握しました。

　市場調査の第2段階は、ユーザーが検索に使用するキーワードの調査です。企業の場合は当然、商品やサービスについて消費者以上の知識があるため、消費者の検索キーワードを想定しづらいことがあります。ユーザーが検索を行う際のキーワードを調査することで、**潜在的なニーズ**や**ユーザーの知りたい内容**の傾向を把握します。

▶ 1つのキーワードで表示される動画の数はいくつか

　第2段階の調査の主な目的は、ユーザーの視聴ニーズを把握することにあります。調査の流れとしては、まずユーザーがどのようなキーワードで検索を行っているのか、それぞれのキーワードの検索量はどのぐらいかを調べます。これにより、ユーザーが商品やサービスについて知りたいと思っていることや疑問に思っていること、彼らが抱えている課題を知ることができます。

　キーワードとキーワードの検索量を把握したら、次にそれぞれのキーワードで検索した際にどのぐらいの動画が表示されるのかを調査します。表示される動画の数を調べることで、そのキーワードに対する競合の度合いを知ることができます。検索量は多いが表示される動画も多いキーワードや、中には検索量が多いにも関わらず表示される動画が少ないキーワードも存在します。

　各キーワードに対するユーザーの選択肢を事前に把握することで、効率の良いキーワードやテーマを選択することができます。そのテーマに沿った動画を制作することで、より幅広いユーザーにリーチすることができます。

Chapter 1
8 キーワード調査とは

- 各キーワード検索量からどの程度のユーザーから興味があるテーマかを把握する
- キーワードの検索量は時期や季節によって変化する
- 「自転車」では「修理」と「購入」に関して検索される傾向が見られる

▶ ユーザーのニーズを把握するために行う

　ユーザーは何かを調べたかったり、興味を持ったりなど、明確な理由が生じた場合に検索を行います。たとえば、家で使っているプリンターが動かなくなったときに『プリンター＿エラー』と検索したり、パソコンとプリンターが接続できなくなってしまったときに『プリンター＿接続』などと検索をします。何か明確な課題があり、その課題を解消するために検索を行っていると考えられます。

　また、何かに悩んだり興味を持ったために、検索を行うこともあります。たとえば、プリンターの買い替えを検討しているときに『プリンター＿おすすめ』や『プリンター＿ランキング』などの検索を行います。どんなプリンターが人気であるかに興味を持っていることも考えられます。

▶ キーワード調査の目的はユーザーの検索傾向と検索量を把握すること

　キーワード調査は、ユーザーがそのキーワードの何について興味があるのか、また、そのキーワードでどのぐらい検索しているのかを知るために行います。

　それぞれのキーワードについて、課題解決を求めて検索する傾向があるのか、それとも興味を持ったために検索を行う傾向があるのかを調査することで、ユーザーがそのキーワードをどのように使用するのかが把握できます。多く検索されているキーワードは、視聴ニーズが高いと判断できますし、検索数が少ないキーワードは視聴ニーズが低いと判断できます。

▶ 「自転車」を含む検索について調査

　一つのキーワードに対して、ユーザーがどのような視聴ニーズを持っているのかを「自転車」というキーワードを例に見てみましょう。

ここでキーワード調査を行う際に使用するツールは、第2章で詳しく紹介する「Keyword Tool」です。『自転車』で検索すると、最も検索されているキーワードは『自転車＿保険』であることがわかります。2020年2月は月間の検索量が10万件程度に対して、3月には20万件を超えていることがわかります。2020年4月から東京都が自転車保険の加入を義務化したことにより、検索量が跳ね上がったと考えられます。

　その他のキーワードとして『自転車＿修理』『自転車＿ライト』『自転車＿空気入れ』など、日常の疑問について検索されていることがわかります。『自転車＿スタンド』というキーワードも、『空気入れ』と同程度の検索量があります。普通スタンドは購入時に付けてもらうか、最初から付いていると思います。使っているうちに壊れてしまうこともあるでしょうが、その可能性が高いことは考えづらいです。したがって『自転車＿スタンド』で検索しているユーザーは、『修理』や『ライト』などについて検索しているユーザーとは違う目的である可能性が考えられます。

『自転車』を含むYouTubeでの検索キーワードと単月検索量（1-8-1）

● 2019年5月〜 2019年10月

キーワード	平均検索量	2019年5月	2019年6月	2019年7月	2019年8月	2019年9月	2019年10月
自転車	601,000	601,000	491,000	601,000	601,000	734,000	601,000
自転車 保険	98,200	80,800	66,000	66,000	54,000	147,000	120,000
自転車 あさひ	54,000	54,000	54,000	54,000	54,000	66,000	54,000
自転車 安い	29,500	29,500	29,500	29,500	29,500	36,100	29,500
自転車 置き場	29,500	29,500	24,200	24,200	24,200	29,500	24,200
自転車 修理	29,500	29,500	29,500	29,500	36,100	44,200	36,100
自転車 通販	19,800	16,200	19,800	16,2t00	19,800	19,800	16,200
自転車 ライト	19,800	19,800	16,200	16,200	16,200	24,200	29,500
自転車 空気入れ	16,200	16,200	16,200	16,200	24,200	29,500	19,800
自転車 スタンド	16,200	19,800	16,200	13,200	13,200	19,800	16,200
自転車 子供	16,200	13,200	10,800	10,800	8,800	13,200	10,800
自転車 タイヤ交換	13,200	16,200	13,200	13,200	16,200	19,800	16,200
自転車 鍵	13,200	13,200	13,200	13,200	13,200	13,200	13,200
自転車 ヘルメット	13,200	19,800	16,200	13,200	13,200	13,200	10,800
自転車 チェーン	10,800	13,200	10,800	10,800	10,800	10,800	10,800

● 2019 年 11 月～ 2020 年 4 月

キーワード	2019年11月	2019年12月	2020年1月	2020年2月	2020年3月	2020年4月
自転車	601,000	491,000	601,000	601,000	1,089,000	1,089,000
自転車 保険	66,000	54,000	66,000	98,200	220,000	269,000
自転車 あさひ	54,000	54,000	54,000	54,000	80,800	80,800
自転車 安い	29,500	19,800	24,200	29,500	36,100	36,100
自転車 置き場	24,200	19,800	29,500	36,100	44,200	54,000
自転車 修理	29,500	19,800	24,200	24,200	24,200	24,200
自転車 通販	16,200	19,800	19,800	16,200	19,800	24,200
自転車 ライト	24,200	19,800	19,800	19,800	19,800	19,800
自転車 空気入れ	16,200	13,200	13,200	13,200	16,200	19,800
自転車 スタンド	13,200	10,800	16,200	16,200	24,200	29,500
自転車 子供	13,200	13,200	10,800	13,200	24,200	36,100
自転車 タイヤ交換	13,200	8,800	10,800	8,800	13,200	16,200
自転車 鍵	10,800	8,800	10,800	10,800	16,200	16,200
自転車 ヘルメット	10,800	8,800	10,800	10,800	16,200	24,200
自転車 チェーン	10,800	8,800	10,800	8,800	10,800	13,200

▶ ユーザーはなぜそのキーワードを検索しなければならなかったのか

　キーワード調査の基本的な目的は、検索量の多いキーワードを把握することです。しかし、検索量のみを指標とした場合、動画の制作へ落とし込むことが困難なケースが多くあります。検索量の多いキーワード全体を把握した上で、ユーザーがなぜそのキーワードで検索したのかを考えることが重要です。

　ユーザーは何かわからないことを検索するとき、どのようなキーワードで検索すればよいかがわからず、漠然としたキーワードで検索をすることがあります。『自転車⏕修理』はそのよい例でしょう。このキーワードだけでは、自転車のどの部分の修理なのかが把握できません。そこで、検索量の多い他のキーワードを確認することで、「タイヤ」や「チェーン」といった具体的な部分が見えてきます。修理と同程度の検索量を持つ「安い」というキーワードは、「通販」との繋がりが強い可能性も考えられます。こうしたキーワードの検索量の一覧から、ユーザーには「自転車の修理」と「自転車の購入」の大きく2つのニーズがあることと考えることができます。

9 表示動画調査とは

- **YouTube**の検索結果画面では視聴回数だけでなく公開日も重視される
- キーワード検索で表示動画の数が少なければ自分の動画は上位表示されやすい
- 検索キーワードによって表示される動画の数は異なる

▶ 動画の大量生産が困難な企業こそ動画の制作優先度を明確化すべき

　検索量の多いキーワードを知ることで、ユーザーの視聴ニーズがどのくらいあるかを把握できます。しかし、検索量が多いキーワードは、他の動画投稿者にとっても「このテーマの動画はユーザーが興味を持っているかもしれない」と容易に推測できます。つまり、ユーザーの検索回数は多いけれど、表示される動画数も多いということになります。

　YouTube検索で表示される動画は、視聴回数だけでなく、**公開日**が最近であるかどうかも計算した上で、それぞれのユーザーに適した動画が表示されます。競合となる動画が多ければ、ユーザーに表示される機会も減少します。そこで、それぞれのキーワードで検索したときに、どのくらいの動画が表示されるかを調査することが、**表示動画調査**の目的となります。

　表示動画調査をしていると、検索量の数に対して、表示される動画が少ないキーワードを発見することがあります。キーワードは動画のテーマでもあるため、視聴ニーズは高いものの、そのテーマについての動画が少ないということです。

　企業が動画制作を行う場合、社内の承認を得たり、動画制作会社に発注したりなど、様々なプロセスを踏むことが一般的です。そのため、1本の動画を制作するにも一定の期間が必要となります。しかし個人の場合は、企画から撮影、編集まで投稿者自身で完結できます。動画の大量生産が難しい企業ほど、競合する動画が少なく、かつ検索量が多い視聴ニーズの高い動画を優先的に制作する方が効率が良いといえます。

▶ 「自転車」に関する動画は、自転車の修理と通販を検討しているユーザーをターゲットとしたほうが良い

　「自転車」を例に、表示動画調査を行ってみましょう。まずはビッグワードである『自

転車』で調べると、55万本の動画が表示されます。これで自転車に関する動画のおおよその数量を把握できます。

次に『自転車␣保険』で検索すると、60,300本の動画が表示されます。『自転車␣修理』では51,300本、『自転車␣安い』は18万6000本です。検索量は『自転車␣修理』と『自転車␣安い』とも約3万回であることを考えると、表示される動画数が少ない「自転車␣修理」をテーマとする方が、動画数が多い「自転車␣安い」をテーマとするよりも、視聴される確率は高いといえるでしょう。

『自転車』に関するキーワードの単月検索量と表示される動画の数（1-9-1）

キーワード	表示動画数	平均検索量
自転車	550,000	601,000
自転車 保険	60,300	98,200
自転車 あさひ	56,700	54,000
自転車 安い	186,000	29,500
自転車 置き場	51,500	29,500
自転車 修理	51,300	29,500
自転車 通販	96,700	19,800
自転車 ライト	109,000	19,800
自転車 空気入れ	73,200	16,200
自転車 スタンド	41,000	16,200
自転車 子供	208,000	16,200
自転車 タイヤ交換	48,100	13,200
自転車 鍵	33,500	13,200
自転車 ヘルメット	33,300	13,200
自転車 チェーン	55,900	10,800

ほかにも、同じ程度の検索量を持つキーワードとして『自転車␣ライト』と『自転車␣通販』について、表示される動画の数を調べてみます。前者は10万9000本、後者は9万6700本です。『自転車␣安い』が約18万本、『自転車␣通販』が9万6700本ということを考えると、「安さ」でなく「修理」をテーマとし、かつ「通販」が可能であることをテーマとすることが良いと考えられます。

『自転車␣安い』や『自転車␣通販』で検索しているユーザーは、自転車の購入を検

討していると考えられ、『自転車＿修理』や『自転車＿ライト』で検索しているユーザー
は、すでに自転車を所有しており、その自転車の修理などを行いたいと考えられます。
つまり、自転車を動画のテーマとする場合は、購入を検討しているユーザーをター
ゲットとして、自転車の「修理」や「通販」をテーマとした動画を優先的に制作するの
が良いと考えられます。

『自転車＿修理』での検索結果画面（1-9-2）

タイヤ交換やパンク修理などを中心に動画が公開されていることがわかる。特徴的な
のは、2年前や10年前など、非常に古い動画が検索上位を占めていること。
YouTube検索では新しい動画が上位に表示されやすいため、このテーマは競合する
動画が少なく、比較的視聴回数を多く獲得しやすいといえる。

Chapter 1

10 事前調査からわかること

● ユーザーからの視聴が期待出来る動画のテーマを事前に調査する
● 表示される動画の数は関連する動画の数でもある
● YouTube チャンネル開始当初は競合する動画の数が少ない方が良い

▶ 多くのユーザーが興味を持つテーマを把握する

　企業における動画制作の基本的な目的は、商品やサービスの特徴や良さなどを訴求し、消費者を購買行動へ繋げることです。商品やサービスの特徴や良さには、利便性、デザイン性、機能性など様々ありますが、1本の動画の中ですべてを訴求することは困難です。さらに、訴求点はターゲット層によって異なることも多く、年齢や性別、ライフスタイル、生活環境などによって伝えるべきメッセージは変化します。ターゲット層を細分化して適した動画を制作することが理想的ですが、制作できる動画の数には限界があります。

▶ キーワード調査を通じてユーザーが見たい動画を作る

　より多くのユーザーに商品やサービスをプロモーションするためには、制作する動画のテーマに興味を持つユーザーの母数が多い必要があります。ユーザーは何に興味を示し、どのようなことを知りたいのか——。キーワード調査を通じて、ユーザーの興味関心が高いテーマを「キーワード」という形で掴むことができます。

　企業は動画制作の前に視聴ニーズの高いテーマを把握することで、ユーザーに伝えたい訴求点に重み付けを行うことができます。キーワード調査の結果、機能性が重視されているならば、商品の機能性を中心に訴求する動画を制作すべきです。価格が重視されているならば、安さや購入価値の背景を訴求する動画を制作すべきでしょう。訴求点を明確化し、視聴ニーズに適した動画を制作するために、キーワード調査を行う必要があります。

▶ 競合動画が少ないテーマで動画を作る

　検索によって表示される動画の数は、ユーザーにとって選択の幅でもあります。これから動画プロモーションを行う企業や、制作できる動画本数に制限がある企業で

は、選択肢が少ないテーマの方が、自分の動画が視聴される確率が高まります。

　類似動画の数を事前に把握することで、キーワード調査で得られたニーズの高い
テーマをどのような順序で制作すべきか判断できます。検索量が多く、表示される動
画の数が多いテーマについては、チャンネルの動画本数が充実してから着手したほう
がよいでしょう。まだ公開している動画本数が少ない場合や、これからチャンネルを
開設する場合は、YouTube検索からの流入に目標をしぼった方が手堅く視聴回数を
獲得できます。

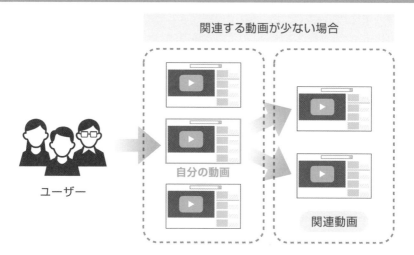

関連する動画が少ない場合、表示先の動画も少ない（1-10-1）

関連する動画が少ない場合

自分の動画

ユーザー

関連動画

▶ 表示される動画が多いテーマは悪いわけではない

　もっとも、表示される動画数の多いテーマが一概に悪いわけではありません。
YouTubeにおける視聴の70％はアルゴリズムがおすすめした動画であり、動画を公
開して一定期間が経過した後は、関連動画やトップページが主要な視聴トラフィック
となります。類似する動画の数が少ないということは、裏を返せば関連動画の母数が
少ないということです（図1-10-1）。つまり、関連動画トラフィックで獲得できる視聴の
母数が少ないということになります。

　関連動画とトップページに表示されるためには、まず動画が一定数視聴されなけれ
ばなりません。そのため、公開して間もない動画が、一定の視聴数を獲得できる状態
にする必要があります。公開直後の動画をYouTube検索以外で視聴するユーザーは

チャンネル登録者です。そのため、チャンネル登録者数を一定数獲得した後に、類似する動画の多いテーマの動画を制作する方が良いといえます。

関連する動画が多い場合、期待できる表示先の動画も多い（1-10-2）

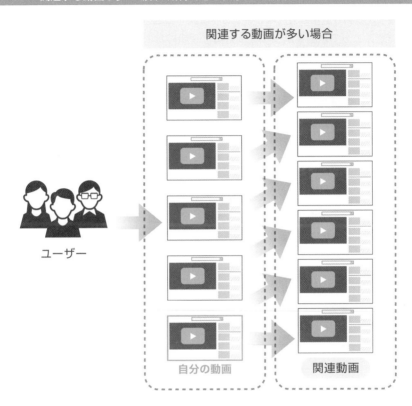

関連動画は、基本的には動画の内容が類似したもの同士が表示される。内容の類似に加えて、公開日が近いかどうかも考慮される。

さらに関連動画は、視聴回数が近いもの同士が表示される。たとえば、1,000回視聴であれば、似たような内容で、1,000回程度視聴された他の動画に表示されやすい。視聴回数を獲得しようと10万回視聴の動画にタグ設定を似せたとしても、基本的には1,000回視聴の動画が10万回視聴の動画に表示されることはほとんどない。仮に表示されたとしても、ユーザーの視聴ニーズと合致しなければクリックされないため、クリック率や平均再生率の低下につながるおそれがある。視聴回数の増加には、自分の動画に興味を持つ可能性が高いユーザーに表示されることが重要である。

11 調査結果の活用方法

- 得られた調査結果からユーザーから興味関心の高い動画のテーマが把握できる
- 調査によって動画を制作する優先順位を明確化できる
- シリーズ化すべき動画について判断できる

▶ 2段階調査によってユーザーのニーズに応じた動画制作ができる

　YouTubeの市場調査では、第1段階の調査で、すでにどのような動画が公開されているのか、業界に関連するチャンネルがどのくらいあるのかを把握します。第2段階の調査で、ユーザーの検索キーワードの種類とそれぞれの検索量を調査することによって、彼らが何を視聴したいのかを把握します。それぞれのキーワードで検索したときに表示される動画の数を調査することで、競合する動画の数がどの程度あるのかを掴みます。

　この2段階の調査によって、どの動画を優先的に制作すべきか、どのように制作すべきかなどの意思決定の材料を得ることができます。

▶ チャンネルとしての方向性を設計する

　調査を進めると、企業が想定していなかったキーワードでユーザーが検索しているということがあります。キーワードの調査と平行して動画の調査を進めると、意外なテーマに関する動画の視聴が多いこともよくあります。動画、チャンネル、キーワード、表示動画数というこの4項目について調査し、より広い視野で調査結果を分析することで、企業のチャンネルとして大きくどのようなテーマを動画にすべきかが見えてきます。メーカー企業の場合であれば、「商品の購入を検討するに至ったユーザーの課題」「商品の機能性」「商品のデザイン性」「商品の便利な使い方」などが考えられるでしょう。

　このようにいくつかの**大きなテーマ**に分類し、各テーマでどのような動画を作るべきかを設計することが**チャンネル設計**です。調査結果は、数本の動画の制作に関する意思決定の材料となるだけでなく、「大きくどのようなテーマの動画を制作すべきか」「各テーマを分類した後に、どのテーマを優先的に制作すべきか」について検討するための資料としても活用できます。

第一段階調査

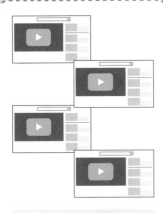

公開されている動画の傾向

競合企業
チャンネル

YouTube
クリエイター

業界特化型
チャンネル

公開されている動画の傾向

第二段階調査

キーワード	平均検索量
自転車	601,000
自転車 保険	98,200
自転車 あさひ	54,000
自転車 安い	29,500
自転車 置き場	29,500
自転車 修理	29,500
自転車 通販	19,800
自転車 ライト	19,800
自転車 空気入れ	16,200
自転車 スタンド	16,200
自転車 子供	16,200
自転車 タイヤ交換	13,200
自転車 鍵	13,200
自転車 ヘルメット	13,200
自転車 チェーン	10,800

キーワード検索量

表示動画数

▶ 調査結果は動画の制作順序を決定するための判断材料となる

調査結果によって大きく分類された各テーマの中には、さらに細分化された訴求項目があります。たとえば、パソコン周辺機器の製造メーカーで、「PC用ディスプレイ」のみを対象とし、「商品の購入を検討するに至ったユーザーの課題」を考えてみます。

ターゲットは、PC用ディスプレイを普段使いで必要とするユーザーや、動画編集で必要とするユーザー、ゲームプレイで必要とするユーザーなどが想定されます。つまり、普段使い、動画編集、ゲーム用という3本の動画制作が考えられることになります。

普段使い用とゲーム用では、ユーザーの要求は概ね異なると考えられます。普段使い用では、価格が安く、置き場所に困らず、リビングなど部屋の雰囲気を壊さないといったことが考えられるでしょう。ゲーム用では、価格よりも機能性を重視するかもしれません。応答速度やディスプレイのインチ数、接続端子の種類と数、表示される映像の色味や解像度の高さなど、様々な要素に対してこだわりがあると考えられます。

▶ 動画のシリーズ化を検討するための基本的な考え方

動画で訴求する対象を「PC用ディスプレイ」に限定し、さらに「商品の購入を検討するに至ったユーザーの課題」というテーマに限定しても、ターゲットとなるユーザーは3種類に分かれるので、それぞれに向けた3本の動画制作が考えられます。ここでは、さらに「ゲーム用ディスプレイ」に絞って検討を進めます。

ゲームと一口にいっても、格闘ゲーム、レーシングゲーム、戦略ゲームなどジャンルは多岐にわたります。格闘ゲームやレーシングゲームでは、ディスプレイに高い応答速度が求められます。パソコン周辺機器の製造メーカーは、複数種類のディスプレイを用意していることが多いでしょう。「ゲームジャンル」を主題とする場合は、格闘ゲームやレーシングゲームなどの各ジャンルに最適なディスプレイを複数紹介し、比較するという動画の制作が考えられます。

▶ シリーズ動画を企画するための考え方

このように検討を進めることで、「商品の購入を検討するに至ったユーザーの課題」から、さらに「ゲームジャンル」を主題とした動画企画の一覧を作ることができます。この一覧がチャンネル設計を構成する各テーマに紐づく**シリーズ動画**となります。

調査結果からチャンネルを設計し、さらにシリーズ動画へと企画を具体的に落とし込む中で、調査結果を改めて分析したり、追加調査を行ったりを繰り返して最終決定を行います。

購買層によって訴求内容は異なる（1-11-2）

『ディスプレイ＿ゲーム』での検索結果画面（1-11-3）

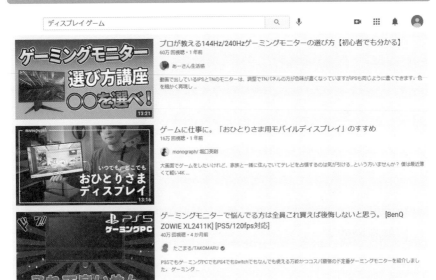

　ゲーム用ディスプレイでは、スペックをタイトルに記載している動画の視聴回数が多い。ランキング形式の動画や、1台に限定してディスプレイを紹介している動画も存在する。ユーザーは『ディスプレイ ゲーム』で検索しているが、スペックの表記がユーザーの目にとまり、視聴回数が増加していることも想定される。

12 広報PR・マーケッターにとっての動画調査の有用性

- どのような動画プロモーションをどの順序ですべきかを把握できる
- YouTube調査によって多くの動画に触れることも重要である
- 動画調査によって企画や訴求方法の選択肢を増やす

▶ 調査を通じてYouTube動画の感覚を掴むことが大切

これからYouTubeで動画によるプロモーションを行う企業や、動画によるプロモーションを検討している広報・マーケッターにとって、現時点でどのような動画が公開されているのかを知ることは大切です。しかしながら、思いつく限りに検索して視聴しても、どのような動画やプロモーションを選択すべきかという結論を出すことは困難です。何を調べるべきかを明確にした上で各項目について調査し、その調査結果を分析しなければ、選択や実行の判断はできません。

調査によってキーワードの検索量を把握したり、様々なチャンネルの存在を確認することは重要ですが、調査したり判断したりする当人が動画の傾向を感覚的に掴むことも大切です。一般的にYouTubeでは、企業が制作したキレイな映像や商業感が出ている動画は、視聴を集めにくい傾向があります。テレビCMの映像とYouTube動画では、視聴の感覚が異なるからでしょう。YouTube動画はユーザーにとって、見せられるものではなく、見たいものを見るプラットフォームとして認識されていると考えられます。YouTube上では、どのような動画が視聴される傾向にあるのかを、調査の中で多くの動画に触れることで感覚的に掴むことが大切です。

▶ 動画調査は広報PR・マーケッターのプロモーション手法の選択肢を増やす

調査で多くの動画を視聴していると、意外な動画が視聴回数を集めていることを発見します。何かの作業の様子を撮影しているだけの動画、食材を焼いているだけの動画、何かについて出演者が一人で解説しているだけの動画など様々あり、編集方法や表現方法、テーマのバリエーションも様々です。

企業であっても、1本の動画の企画に携わる人は、数名から多くても十数名であることがほとんどです。YouTube上に公開されている動画の数は膨大であり、投稿者も

膨大に存在します。つまり、たった1つのキーワードの調査であっても、様々な企画や説明方法、表現方法に触れることができるということです。

　動画の数は、制作できる企画の数であるともいえます。動画を制作した後では、想定と違ったとしてもつくり直すわけにはいきません。大量に存在するYouTubeの動画を調査することで、事前にイメージを把握することができます。動画制作の根本となる企画を検討するときでも、様々な企画の種を掴むことができます。広報・マーケッターにとっては、企画のバリエーションやプロモーションにおける表現方法の選択肢を増やせる利点があります。調査によって得た多くの選択肢の中から、優先度を判断して制作する動画を決定するようにしましょう。

調査対象と知るべき内容（1-12-1）		
第1段階調査	動画	現時点でYouTubeにどんな動画が公開されているかを知る。 動画のテーマや視聴回数の多い動画の企画内容を把握する。
	チャンネル	競合企業の取り組み・業界特化型チャンネルの存在有無を把握する。 動画調査と交互に繰り返すことで、人気な動画のテーマについて把握する。
第2段階調査	キーワード	ユーザーがどんなキーワードで検索しているかを知る。 検索キーワードの傾向から、ユーザーの課題などを把握する。
	表示動画数	キーワードに対してどのくらい競合する動画があるかを把握する。 YouTube検索結果に対して何本の動画が表示されるかで、競合となる動画の本数を把握する。

企業のYouTube活用は、手探りの状態から開始することが多い。動画やキーワードなどの調査は、この状態を手助けするために行うものである。本書では「第1段階」「第2段階」と調査を分けているが、実際には動画の調査中にチャンネルを調査するなど、同時並行で行うことの方が多い。2段階に分けると、調査資料を作成するときにわかりやすくなるメリットがある。

Column 動画マーケティングは想定した視聴データと動画公開後の視聴データとの差を見る

　企業のYouTube動画プロモーションは、商品の販促や認知拡大と同時に「マーケティング施策」としての活用が期待できます。「誰から視聴されているのか」「年齢や性別に偏りがないか」などの数値から、視聴者の属性や傾向などを把握することができるからです。動画を公開すると、視聴回数やインプレッション数、クリック率など、様々な視聴データを確認することができます。

　ただし、数値は確認できても、ただ動画を公開しただけでは、なぜその数値になったのかを考えることは難しくなります。たとえば、ブランドを重視した1分ほどの動画を公開したとしましょう。このとき、動画に設定するタイトルやタグ、概要欄、サムネイルなどに手を入れず、そのまま公開したとします。

　YouTubeのアルゴリズムは、その動画を視聴してくれそうなユーザーに表示しようとします。しかし、内容がイメージや雰囲気などのように抽象的であったり、タイトルやサムネイルなどが目的を持って設定されていなかったりすると、何を目的とした動画であるかを掴むことができません。その結果、アルゴリズムは、動画をユーザーに表示するための判断材料を持たずに、ただただ動画をユーザーに表示することになります。

　このような場合、計測された視聴データを解釈することは難しくなります。視聴データから40代の女性から多く視聴されていることがわかったとしても、40代の女性から視聴されやすくなるよう、タイトルなどを意図的に作っていなければ、なぜその結果になったのかを説明することは困難だからです。

　動画から得られる視聴データを活用するためには、動画を企画する段階で、どのような視聴データになるかをあらかじめ想定することが大切です。そうすることで、動画が果たすべき役割が明確になり、実際に公開した後の視聴データを見たときに、想定した視聴データとどの程度の差があるかを把握することができます。

　動画が意図したユーザーに表示されるためには、タイトルやサムネイルなど設定できるものはすべて、そのユーザーに向けられている必要があります。その上で、ターゲットとしたユーザーから視聴されているかどうかを視聴データから確認することで、動画の良し悪しを判断することができます。

　動画マーケティングを行う上で大切なことは、公開した動画の結果をただ確認するのではなく、意図した視聴データに近いかどうかを把握し、得られた視聴データを次の動画制作に活かすことです。こうしたプロセスを繰り返すことで、動画の内容とタイトルなどの設定によって、動画に反応するユーザーが変化することが次第にわかってきます。動画を通じたマーケティングでは、動画の内容によって変化するユーザーの傾向を把握することが重要です。

YouTube市場調査ツールの導入から使用方法

──調査でわかるユーザーが見たい動画

　私たちが普段目にする動画は、YouTube上に公開されている動画のほんの一握りにすぎません。膨大な量の動画がアップロードされ続けている今、調査時間を短縮し、効率よく必要な情報を集めるためには、調査ツールを活用する必要があります。本章では、YouTubeの市場調査で活用できるツールの導入方法から使い方までを解説します。

プロモーション戦略としての市場調査

- 検索キーワードだけでは多くの動画を発見することが困難
- 演算子を活用することでより多くの動画を発見できる
- 特定の文字をタイトルに含む検索など表示される動画に幅が広がる

▶ YouTube検索はキーワードとの関連度順に表示される

　YouTubeに公開されている動画の調査は、キーワード検索で表示される動画を確認する方法が最も一般的です。検索結果画面には、最近公開された動画や自分の視聴傾向に適した動画、人気動画が**関連度順**に表示されます。YouTubeの検索アルゴリズムは、入力されたキーワードに対して関連度の高い順に動画を表示します。

　しかしこの方法で検索を繰り返すと、過去の検索によってすでに表示された動画が次第に多くなってしまいます。たとえば、『セキュリティソフト』で検索した場合と『セキュリティソフト␣おすすめ』で検索した場合とでは、動画の表示順位に多少の違いはあっても、表示される動画には大きな差はありません（図2-1-1）。

　動画調査の主な目的は、なるべく多くの種類の動画を把握し、視聴回数を獲得できる動画の傾向を掴むことです。同じようなキーワードで何度も検索することは、表示される動画に変化が無くなるため、効率的とはいえません。

▶ 演算子を活用した動画の調査方法

　YouTubeのフィルタ機能は、より細かく検索したいときに活用できます。さらに細かく検索したい場合は、**演算子**を使います。演算子とは、「関数を他の関数に対応させる演算記号」（広辞苑）をいいます。YouTubeの検索で使用できる演算子には、""、+、-、*などがあります。また、特定の文字列をタイトルに含む動画を表示するための**intitle:** といった演算子もあります。

　演算子の使い方として、たとえば『セキュリティソフト␣おすすめ』の検索結果の中から『Mac』という文字列を含む動画を探したい場合は、『セキュリティソフト␣おすすめ␣+Mac』と検索します（図2-1-2）。特定のキーワードを含まない動画を検索したいときは「-」を使います。演算子を活用することで、通常の検索では発見しにくい動画を見つけることができます。

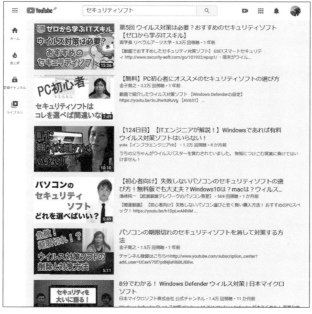

異なるキーワードで検索を行っても、動画の表示順位が変わる程度で、新たな動画の発見は困難である。

表示された検索結果から、特定のキーワードを動画タイトルに含んだもののみを表示させたいことがある。検索キーワードのあとに、演算子の「intitle:」を使って検索することで表示できる。上図は「セキュリティソフト おすすめ」の検索結果のうち、動画タイトルに「Mac」を含んだもののみを表示した例である。YouTube検索時は、演算子を活用することで、様々な動画を発見するための手助けとなる。

 Column　**メーカー企業におすすめの演算子の使い方**

　メーカー企業の場合、商品のカテゴリが多岐にわたることが多くあります。たとえば冷蔵庫は、家族向け・一人暮らし向け、大型・小型など種類がとても豊富です。そのため動画の数も多く、関連する動画を調べたい場合は、求める検索結果にたどり着くまでに時間がかかってしまいます。

　そのようなときは、『冷蔵庫＿＋家族』と検索をすると、冷蔵庫のうち「家族」という単語をタイトルなどに含んだ動画のみを検索結果に表示させることができます。さらに絞りたいときは、『冷蔵庫＿intitle：家族』と検索すれば、タイトルに「家族」を含んだ動画のみを表示させることができます。

　このように、演算子は漠然としたキーワードから、ジャンルや用途を絞り込んだ検索を行いたいときに役立ちます。

2 市場調査に必要なツールとは

● オートコンプリート機能による調査では時間がかかる
● キーワード検索量の調査には「Keyword Tool」が役立つ
● 動画調査ではYouTube認定ツールの「TubeBuddy」が良い

▶ 効率良くキーワードを調査できる「Keyword Tool」

　YouTubeには、検索窓にキーワードを入力すると、関連性の高いキーワードを自動表示する**オートコンプリート機能**があります。この機能を使うことでキーワードの調査を簡易的に行うことができます。しかし、候補となるキーワードのすべてが表示されるわけではないため、語順を入れ替えるなど検索キーワード自体の工夫が必要となり、調査に時間がかかってしまいます。

　そこで、より効率良くキーワードの候補を調査するためのツールとして**Keyword Tool**があります（図2-2-1）。Keyword Toolは、キーワードを入力すると、関連するキーワードの一覧や各月のキーワード検索量などを表示します。無償版と有償版があり、有償版には3種類のプランが用意されています。無償版でもキーワードの候補が一覧表示されるので、まずは無償版を試してみることをおすすめします。

▶ 動画の調査に役立つYouTube公式ツールTubeBuddy

　YouTubeには、表示順をアップロード日に変更したり、動画のみやチャンネルのみを表示させたりする**フィルタ機能**があります。時間の長い動画のみを表示させたり、それらを並べ替えたりすることもできます。しかしフィルタ機能は動画の表示方法にとどまり、各動画の詳細を調査することはできません。

　そこで、動画の調査に活用できるツールとして**TubeBuddy**があります（図2-2-2）。TubeBuddyは、YouTubeに認定されたツールで、Google Chromeの拡張機能として導入します。特定のキーワードで検索したときに表示される動画の数だけでなく、表示された動画に設定されているメタデータやタグの比率などのデータも確認できます。ほかにも、特定のキーワードで検索したときの自分の動画の表示順位を定期的に記録したり、サムネイルのABテストを行うことができたりなど、様々な機能を備えたツールです。

https://keywordtool.io/jp

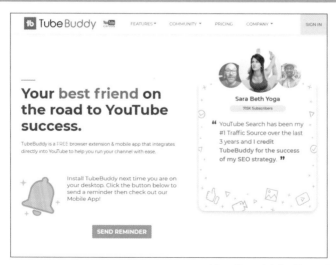

https://www.tubebuddy.com/

Chapter 2

3 キーワード調査に必要な Keyword Toolの導入方法

- YouTubeの他に8つのプラットフォームに対応している
- 無料版では検索キーワードのみ表示される
- キーワードの検索量や検索の変化量、クリック単価などを知ることができる

▶ キーワード把握だけなら無償版でも対応可能

Keyword Toolは、キーワードの検索量を調査するためのツールで、**Google**、**YouTube**、**Bing**、**Amazon**、**eBay**、**Play Store**、**Instagram**、**Twitter**の8つのプラットフォームに対応しています。本書では、このうちYouTubeについて解説します。

Keyword Toolの導入は、https://keywordtool.io/jpにアクセスして、YouTubeタブをクリックし、キーワードを入力してEnterキーを押すと完了します（図2-3-1）。有償版と無償版があり、無償版は検索量による並べ替えができなかったり、検索量が表示されるキーワードは5個までなど、機能に制限があります。ユーザーの検索キーワードを把握するだけであれば、無償版でも十分です。ただし、無償版は一定時間内のキーワードの検索回数に制限があるため、複数のキーワードを調査したい場合は有償版を検討してください。

▶ 有償版は単月検索量を把握できる

Keyword Toolの有償版には「Pro Basic」「Pro Plus」「Pro Business」の3種類のプランがあり、それぞれ月契約と年契約を選ぶことができます（図2-3-2）。

「Pro Basic」プランは、キーワードの検索量が表示されますが、1日に7,000キーワードまでという制限があるほか、1契約あたり1アカウントのため複数人での利用はできません。個人での利用や調査担当者が1名の場合は、このプランでよいでしょう。

「Pro Plus」プランは、1日に35,000キーワードの検索が可能で、1契約あたり5ユーザーまで利用できます。調査を複数人で行う場合や、いくつかのチャンネルを分担して運用する場合に適しています。「Pro Business」プランは、Keyword Toolを利用して出力されるデータを、社内や独自のプログラムに組み込める機能がありますが、一般的な企業であれば「Pro Plus」プランで十分でしょう。

無料版ではキーワードは表示されるものの、検索量までは表示されない。時間による検索回数に制限がある。

https://keywordtool.io/jp/pro/youtube

決済が完了すると、登録したメールアドレスでKeyword Toolにログインできます。「YouTube」タブをクリックして、調査対象のキーワードを入力し、Enterキーを押すと関連キーワードが一覧表示されます。

Search Volumeには、各キーワードの1か月当たりの平均検索量が数値で表示されます（図2-3-3）。**Trend**には、過去12か月の月間検索量の変化が表示されます。**CPC（Cost-Per-Click）**には、各キーワードに対するGoogle広告のクリック単価が表示されます。**Competition**には、各キーワードに対するGoogle広告での競合率が0〜100までの数値で表示されます。Keyword Toolは、0〜34は「低」、35〜69は「中」、70〜100は「高」の指標であるとしています。

有償版Keyword Toolのキーワード検索結果画面 (2-3-3)

Keyword Suggestions　Questions　Prepositions　Hashtags　　　Sort by　Search Volume - high to low ▼

Search for "冷蔵庫" found 387 unique keywords

Total Search Volume	Average Trend	Average CPC (JPY)	Average Competition
1,282,890	+13%	¥40.38	69 (Medium)

(+13% increase in the last 12 months)

	Keywords	Search Volume	Trend	CPC (JPY)	Competition
☐	冷蔵庫	543,000	0%	¥34.97	100 (High)
☐	冷蔵庫 おすすめ	73,000	+22%	¥35.01	100 (High)
☐	冷蔵庫 一人暮らし	59,700	+173%	¥28.22	100 (High)
☐	冷蔵庫 収納	48,900	-33%	¥13.83	100 (High)
☐	冷蔵庫 ランキング	26,700	+123%	¥28.38	100 (High)
☐	冷蔵庫 小型	21,900	-33%	¥20.77	100 (High)
☐	冷蔵庫 人気	21,900	-64%	¥31.70	100 (High)
☐	冷蔵庫 処分	17,900	0%	¥288.36	5...

有償版Keyword Toolでは、検索量の多い順にキーワードが表示されるため、各キーワードの検索量がわかる。

Keyword Toolの基本的な使い方

- 調査対象とするキーワードが持つ検索量を把握できる
- キーワードの過去12か月の検索量の変化を知る
- 「インフルエンザ」を含む検索はキーワードによって検索量のピークが変化する

▶ そのキーワードの検索量は多いのか少ないのか

Keyword Toolで調査対象のキーワードを検索すると、検索画面の最上部に**ユニークキーワード**の数が表示されます。ユニークキーワードとは固有のキーワードを指し、調査対象としたキーワードを含むすべてのキーワードの種類を意味します。その下には、**Total Search Volume**、**Average Trend**、**Average CPC**、**Average Competition**がそれぞれ表示されます。

「Total Search Volume」は、調査対象のキーワードを含むすべてのキーワードの検索量を合計した数値で、そのキーワードの検索量の概算を知ることができます。「Average Trend」は、そのキーワードを含むすべてのキーワードの過去12か月の変化率の平均値で、検索量が増加傾向か減少傾向かを判断できます。「Average CPC」は、表示されたキーワードでのGoogle広告の平均クリック単価です。「Average Competition」も同様に、Google広告でのキーワードに対する競合率の平均値です。

▶ キーワードが検索される時期を把握する

数値の下の棒グラフは、すべてのキーワードに対する各月の検索量の合計値です。各月の検索量の増減は、そのキーワードが季節や時期に左右されるかどうかを示しています。

たとえば「インフルエンザ」を調査してみましょう（図2-4-1）。インフルエンザの流行シーズンは、例年12月〜3月といわれています。「インフルエンザ」の検索量も12月が最も多く、2019年12月では600万件を超えています。グラフから、ユーザーは9月〜10月にかけて検索を始め、12月に最も高まり、2月には落ち着いて、3月〜8月にかけてはほとんど検索されていないことがわかります。

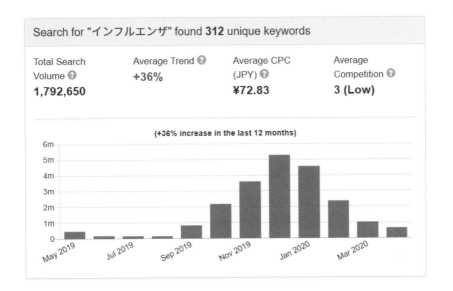

Search for "インフルエンザ" found **312** unique keywords

Total Search Volume ❔	Average Trend ❔	Average CPC (JPY) ❔	Average Competition ❔
1,792,650	**+36%**	**¥72.83**	**3 (Low)**

（+36% increase in the last 12 months）

『インフルエンザ＿予防接種』と『インフルエンザ＿検査』の検索量比較（2-4-2）

● 2019 年 4 月〜 2019 年 9 月

キーワード	平均検索量	2019年4月	2019年5月	2019年6月	2019年7月	2019年8月	2019年9月
インフルエンザ 予防接種	155,000	5,100	3,400	3,400	3,400	9,300	104,000
インフルエンザ 検査	69,600	38,100	25,500	9,300	7,600	6,200	20,900

● 2019 年 10 月〜 2020 年 3 月

キーワード	2019年10月	2019年11月	2019年12月	2020年1月	2020年2月	2020年3月
インフルエンザ 予防接種	518,000	775,000	283,000	85,200	38,100	11,400
インフルエンザ 検査	31,200	85,200	189,000	232,000	127,000	69,600

キーワードによっては時期や季節によって検索量が変化するものも存在する。検索量が変化するキーワードをテーマとした動画を制作する場合、公開時期を検討する必要がある。

▶ 過去12か月の検索量の変化を調査する

　グラフの下には、調査対象のキーワードと関連するキーワードが一覧で表示されます。これらはユーザーが実際に検索したキーワードなので、注意深く調査する必要があります。ここでは、各キーワードが「Search Volume」や「Trend」の集計対象となります。

　まず各キーワードの検索量を確認し、検索量が多いものを把握して、視聴ニーズが高いと考えられるテーマを探します。次に、「Trend」列にパーセント表示されている数値を確認します。この数値をクリックすると、そのキーワードに対する単月の検索量が過去12か月分表示されます。

　たとえば、『インフルエンザ＿予防接種』と『インフルエンザ＿検査』という2つのキーワードを見てみましょう（図2-4-2）。予防接種は流行シーズンの前に行うのが一般的です。それを反映して、ユーザーの検索量は9月に約10万件、10月に約50万件となり、11月には最も多い約77万件となります。11月を過ぎると落ち着き、12月は約28万件、1月には約8万件まで減少します。他方、『インフルエンザ＿検査』の検索量は1月にピークを迎えます。自分がインフルエンザにかかっているかどうかの検査なので、インフルエンザの流行シーズンである12月を越えて1月に視聴ニーズが高まるのでしょう。

　これらの調査から、インフルエンザの予防接種に関する動画は10月〜11月が、検査に関する動画は12月〜1月にかけてが投稿の最適なタイミングであると考えることができます。

Chapter 2
5 Keyword Toolの条件表示のカスタマイズ

- 表示されるキーワードを任意の条件でカスタマイズできる
- ユニークキーワードの量が多い場合に表示条件のカスタマイズが役立つ
- 関係のないキーワードを除外することで調査をスムーズに進められる

▶ 条件を指定してキーワードの絞り込みを行う方法

　キーワードに対する検索量の左側に、**Search Volume Settings**、**Filter Results**、**Negative Keywords**という3つの設定項目があります。「Search Volume Setting」では、検索量の表示対象となるプラットフォームの設定と、通貨の設定ができます。YouTubeタブが選択された状態でキーワードを調査している場合は、「Estimated YouTube search volume」が自動で選択されているので、変更する必要はありません。通貨は日本円が選択されていれば基本的に変更の必要はありませんが、外国の言語で検索量を調査したり、Google広告の出稿を検討しているときには変更します。

　「Filter Results」は、現在表示されているキーワードについて、さらに条件をつけて絞り込みたいときに使用します。「Find Keywords Within Search Results」は、表示されているキーワードのうち、特定の単語を含むもののみを表示したいときに使用します（図2-5-1）。ユニークキーワードの数が多い場合、特定の単語を含むものを探すには時間がかかるので、絞り込み検索を行うことで効率よく調査を進めることができます。「Search Volume」「Trend」「CPC」「Competition」も同様に、最小値と最大値を設定することで条件に一致したキーワードのみを表示することができます。

▶ 関係の無いキーワードを除外する方法

　キーワードの調査では、目的とは異なる関連キーワードが表示されることがあります。たとえば、自動車メーカーの「ホンダ」を調査するとき、『ホンダ』と検索すると、「本田」という名字の俳優やスポーツ選手が関連キーワードとして表示されます。このような場合に、特定の単語を含む関連キーワードを除外する機能が「Negative Keywords」です（図2-5-2）。

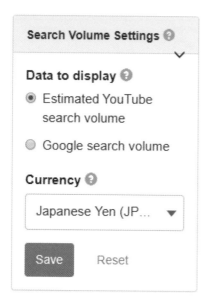

　一例として、ICカード乗車券の「Suica」を調査してみましょう。『Suica』と入力すると、果物の「スイカ」も同時に表示されます（図2-5-3）。そこで「スイカ」を含むキーワードを除外するために、Negative Keywordsに『スイカ』と入力し、Saveボタンをクリックします。すると、「スイカ」を除外したキーワードが一覧表示されます。

　しかし、ユーザーの中には『Suica』を検索しようとして、『スイカ』と入力することもあります。そのため、「スイカ」を一括で除外してしまうと、「スイカ＿モバイル」や「スイカ＿iphone」といったキーワードも除外されてしまいます。このようなときは、Suicaと明確に関係のないキーワード、たとえば「切り方」「栽培」「早食い」などを除外対象とすることで、より正確に調査できます（図2-5-4）。

● 2019 年 5 月〜 2019 年 10 月

キーワード	平均検索量	2019年5月	2019年6月	2019年7月	2019年8月	2019年9月	2019年10月
suica	220,000	179,000	220,000	269,000	328,000	402,000	328,000
スイカ	220,000	179,000	220,000	269,000	328,000	402,000	328,000
suica チャージ	29,500	24,200	24,200	24,200	24,200	29,500	44,200
suica アプリ	19,800	16,200	13,200	16,200	16,200	29,500	44,200
suica オートチャージ	19,800	24,200	19,800	19,800	16,200	24,200	29,500
suica 登録	19,800	1,700	1,700	1,700	1,700	80,800	80,800
suica カード	19,800	16,200	16,200	19,800	24,200	44,200	36,100
スイカ の育て方	13,200	54,000	44,200	16,200	5,900	1,400	640
スイカの育て方	13,200	54,000	44,200	16,200	5,900	1,400	640
suica 履歴	10,800	10,800	8,800	8,800	8,800	8,800	10,800
suica 作り方	8,800	7,200	7,200	7,200	8,800	10,800	13,200
suica 購入	8,800	8,800	7,200	8,800	10,800	10,800	10,800
suica クレジットカード	8,800	8,800	7,200	7,200	8,800	10,800	10,800
スイカ 切り方	8,800	4,800	13,200	36,100	44,200	4,800	1,200
スイカ モバイル	7,200	4,800	3,900	4,800	5,900	10,800	8,800
スイカの名産地	7,200	5,900	7,200	16,200	13,200	7,200	5,900
suica モバイル	7,200	4,800	3,900	4,800	5,900	10,800	8,800
スイカ 栽培	7,200	29,500	10,800	8,800	4,800	890	640
スイカ割り	5,900	3,900	5,900	16,200	19,800	5,900	3,900
suica 使い方	5,900	4,800	4,800	5,900	5,900	7,200	7,200
suica 払い戻し	5,900	5,900	5,900	5,900	4,800	7,200	7,200
suica 新幹線	5,900	5,900	4,800	5,900	7,200	7,200	7,200
スイカ 割り	5,900	3,900	5,900	16,200	19,800	5,900	3,900
suica 定期券	4,800	3,200	3,200	3,200	2,600	8,800	5,900
suica スマホ	4,800	3,900	3,900	3,900	3,900	5,900	5,900
スイカ iphone	4,800	2,100	2,600	3,200	3,200	5,900	4,800
スイカ早食い	4,800	640	890	36,100	5,900	2,100	1,700
suica 買い方	4,800	4,800	4,800	4,800	5,900	5,900	5,900
スイカ 早食い	4,800	640	890	36,100	5,900	2,100	1,700
すいか ドラマ	3,900	2,600	3,200	3,900	8,800	4,800	2,600

● 2019 年 11 月〜 2020 年 4 月

キーワード	2019年11月	2019年12月	2020年1月	2020年2月	2020年3月	2020年4月
suica	220,000	179,000	179,000	179,000	179,000	147,000
スイカ	220,000	179,000	179,000	179,000	179,000	147,000
suica チャージ	29,500	29,500	36,100	29,500	19,800	16,200
suica アプリ	24,200	19,800	19,800	19,800	16,200	8,800
suica オートチャージ	24,200	19,800	24,200	19,800	16,200	10,800
suica 登録	29,500	19,800	19,800	7,200	5,900	2,600
suica カード	24,200	16,200	19,800	19,800	16,200	8,800
スイカ の育て方	530	430	530	890	2,600	19,800
スイカの育て方	530	430	530	890	2,600	19,800
suica 履歴	10,800	8,800	13,200	13,200	10,800	7,200
suica 作り方	10,800	8,800	8,800	8,800	7,200	2,600
suica 購入	8,800	8,800	10,800	8,800	7,200	3,200
suica クレジットカード	8,800	7,200	8,800	8,800	7,200	4,800
スイカ 切り方	790	350	350	290	530	1,700
スイカ モバイル	10,800	8,800	7,200	7,200	5,900	3,200
スイカの名産地	3,900	3,900	5,900	3,900	3,200	4,800
suica モバイル	10,800	8,800	7,200	7,200	5,900	3,200
スイカ 栽培	530	530	890	1,400	3,900	19,800
スイカ割り	2,600	2,600	2,600	2,100	3,200	3,200
suica 使い方	7,200	5,900	5,900	5,900	3,900	1,700
suica 払い戻し	5,900	4,800	5,900	5,900	7,200	7,200
suica 新幹線	7,200	5,900	5,900	7,200	5,900	1,400
スイカ 割り	2,600	2,600	2,600	2,100	3,200	3,200
suica 定期券	3,900	3,200	4,800	5,900	10,800	7,200
suica スマホ	4,800	4,800	5,900	7,200	5,900	3,200
スイカ iphone	8,800	7,200	1,700	1,400	10,800	890
スイカ早食い	1,200	1,200	1,200	890	2,600	5,900
suica 買い方	4,800	4,800	4,800	4,800	3,200	1,400
スイカ 早食い	1,200	1,200	1,200	890	2,600	5,900
すいか ドラマ	2,100	2,100	2,600	2,600	7,200	5,900

● 2019年5月〜2019年10月

キーワード	平均検索量	2019年5月	2019年6月	2019年7月	2019年8月	2019年9月	2019年10月
suica	220,000	179,000	220,000	269,000	328,000	402,000	328,000
スイカ	220,000	179,000	220,000	269,000	328,000	402,000	328,000
suica チャージ	29,500	24,200	24,200	24,200	24,200	29,500	44,200
suica アプリ	19,800	16,200	13,200	16,200	16,200	29,500	44,200
suica オートチャージ	19,800	24,200	19,800	19,800	16,200	24,200	29,500
suica 登録	19,800	1,700	1,700	1,700	1,700	80,800	80,800
suica カード	19,800	16,200	16,200	19,800	24,200	44,200	36,100
suica 履歴	10,800	10,800	8,800	8,800	8,800	8,800	10,800
suica 作り方	8,800	7,200	7,200	7,200	8,800	10,800	13,200
suica 購入	8,800	8,800	7,200	8,800	10,800	10,800	10,800
suica クレジットカード	8,800	8,800	7,200	7,200	8,800	10,800	10,800
スイカ モバイル	7,200	4,800	3,900	4,800	5,900	10,800	8,800
suica モバイル	7,200	4,800	3,900	4,800	5,900	10,800	8,800
suica 使い方	5,900	4,800	4,800	5,900	5,900	7,200	7,200
suica 払い戻し	5,900	5,900	5,900	5,900	4,800	7,200	7,200
suica 新幹線	5,900	5,900	4,800	5,900	7,200	7,200	7,200
suica 定期券	4,800	3,200	3,200	3,200	2,600	8,800	5,900
suica スマホ	4,800	3,900	3,900	3,900	3,900	5,900	5,900
スイカ iphone	4,800	2,100	2,600	3,200	3,200	5,900	4,800
suica 買い方	4,800	4,800	4,800	4,800	5,900	5,900	5,900
suica 領収書	3,900	3,900	3,900	3,900	3,900	4,800	4,800
suica 定期	3,900	4,800	4,800	3,900	3,200	4,800	3,900
suica コンビニ	3,200	3,200	2,600	3,200	3,200	4,800	5,900
suica 返却	3,200	3,900	3,200	3,200	3,200	4,200	4,800
suica 発行	3,200	3,200	2,600	3,200	3,200	3,900	3,900
suica 機種変更	3,200	2,600	2,600	2,100	2,100	4,800	3,900
suica 関西	3,200	3,200	2,600	3,200	2,600	3,900	3,900
suica 携帯	3,200	2,600	2,600	2,600	2,600	3,900	4,800
スイカ 作り方	3,200	3,200	3,200	3,200	3,200	3,200	2,600
suica チャージ ポイント	2,600	2,600	2,600	2,600	2,100	3,900	4,800

● 2019年11月〜2020年4月

キーワード	2019年11月	2019年12月	2020年1月	2020年2月	2020年3月	2020年4月
suica	220,000	179,000	179,000	179,000	179,000	147,000
スイカ	220,000	179,000	179,000	179,000	179,000	147,000
suica チャージ	29,500	29,500	36,100	29,500	19,800	16,200
suica アプリ	24,200	19,800	19,800	19,800	16,200	8,800
suica オートチャージ	24,200	19,800	24,200	19,800	16,200	10,800
suica 登録	29,500	19,800	19,800	7,200	5,900	2,600
suica カード	24,200	16,200	19,800	19,800	16,200	8,800
suica 履歴	10,800	8,800	13,200	13,200	10,800	7,200
suica 作り方	10,800	8,800	8,800	8,800	7,200	2,600
suica 購入	10,800	8,800	10,800	8,800	7,200	3,200
suica クレジットカード	8,800	7,200	8,800	8,800	7,200	4,800
スイカ モバイル	10,800	8,800	7,200	7,200	5,900	3,200
suica モバイル	10,800	8,800	7,200	7,200	5,900	3,200
suica 使い方	7,200	5,900	5,900	5,900	3,900	1,700
suica 払い戻し	5,900	4,800	5,900	5,900	7,200	7,200
suica 新幹線	7,200	5,900	5,900	7,200	5,900	1,400
suica 定期券	3,900	3,200	4,800	5,900	10,800	7,200
suica スマホ	4,800	4,800	5,900	7,200	5,900	3,200
スイカ iphone	8,800	7,200	1,700	1,400	10,800	890
suica 買い方	4,800	4,800	4,800	4,800	3,200	1,400
suica 領収書	4,800	3,900	3,900	4,800	3,900	2,100
suica 定期	3,900	3,200	3,900	3,200	4,800	2,600
suica コンビニ	3,200	2,600	2,600	2,600	2,100	1,700
suica 返却	3,900	3,200	3,900	3,200	3,200	2,100
suica 発行	3,200	3,200	3,200	3,200	2,600	1,400
suica 機種変更	3,900	3,900	4,800	3,900	3,900	2,600
suica 関西	3,900	3,900	3,900	3,200	2,600	1,700
suica 携帯	3,900	3,200	3,900	3,900	3,900	1,700
スイカ 作り方	2,100	2,100	8,800	1,700	1,700	2,100
suica チャージ ポイント	2,600	2,600	2,600	2,600	2,100	1,700

6 Keyword Toolでユーザーの疑問を調査

- 疑問に関する検索キーワードを調査できる
- 検索キーワードからユーザーがどのような疑問を持つか把握する
- 助詞を含む検索を調査することでユーザーの漠然とした検索を把握できる

▶ ユーザーの疑問に関連するキーワードの調査方法

　私たちは特定の商品について何か疑問をもったり、商品の購入を迷ったりしたときに、インターネットを検索して、意思決定の助けとなる情報を探します。このような疑問や質問に近い検索キーワードを表示する機能が**Questions**です（図2-6-1）。

　Questionsは、調査対象のキーワードを含んだ疑問や質問を一覧で表示します。疑問文で使用される「どこ」「いつ」「どっち」といった単語を含む検索キーワードを把握することで、YouTubeで動画を検索するユーザーにどのような疑問の傾向があるかを調査できます。

「Questions」タブの位置（2-6-1）

「iphone」の検索キーワードのうち、「Questions」に該当するキーワードの一覧（2-6-2）

● 2019年4月～2019年9月

キーワード	平均検索量	2019年4月	2019年5月	2019年6月	2019年7月	2019年8月	2019年9月
iphone	1,148,000	1,148,000	1,148,000	1,148,000	1,148,000	1,412,000	2,579,000
iphone 12 いつ	4,100						90
iphone ダウンロード 保存先 どこ	1,200	940	940	940	830	830	680
iphone9 いつ	680	160	250	40	100	200	70
iphone android どっち	680	450	680	560	560	680	940
iphone11 いくら	560					20	2,300
iphone11 どっち	370						1,800
iphone11 11pro どっち	370						1,200
iphone どれ	370	450	370	370	250	300	940
iphone11 どれ	300						1,800
iphone 新作 2020 いつ	250						
iphone8 iphone11 どっち	90						200
iphone xs 11 どっち	90						300
デバイス管理 iphone どこ	40	10	10	10	20	70	100
iphonexr 11 どっち	30						
iphone11pro 11promax どっち	10						
iphone11 iphone12 どっち	10						

● 2019年10月～2020年3月

キーワード	2019年10月	2019年11月	2019年12月	2020年1月	2020年2月	2020年3月
iphone	1,148,000	941,000	1,148,000	1,148,000	1,148,000	1,412,000
iphone 12 いつ	300	940	5,100	20,900	11,400	9,300
iphone ダウンロード 保存先 どこ	1,200	1,500	1,500	1,800	1,200	1,200
iphone9 いつ	30	20	50	370	560	6,200
iphone android どっち	680	680	680	680	680	940
iphone11 いくら	940	680	560	680	560	830
iphone11 どっち	680	450	450	370	250	300
iphone11 11pro どっち	1,200	450	300	300	250	370
iphone どれ	370	300	370	300	250	300
iphone11 どれ	450	370	250	300	160	160
iphone 新作 2020 いつ			370	940	680	940
iphone8 iphone11 どっち	100	50	90	100	160	250
iphone xs 11 どっち	100	50	70	100	130	200
デバイス管理 iphone どこ	90	50	40	40	40	50
iphonexr 11 どっち	100	50	100	50	30	30
iphone11pro 11promax どっち				10	20	20
iphone11 iphone12 どっち			40	30	20	50

たとえば「iPhone」に関する疑問を調査する場合は、『iPhone』と入力し、Enterキーを押します。すると「iPhone」の検索量が表示されます（図2-6-2）。この画面は「Keyword Suggestions」タブが選択されている状態です。その右隣にある「Questions」タブをクリックすると、「iPhone」に関する疑問の内容に近いキーワードが一覧表示されます。iPhoneに関する疑問では、「ダウンロードしたファイルの保存先がどこか」が多いことがわかります。ほかにも、「iPhone12がいつ発売予定なのか」「iPhoneとAndroidどちらか」といった疑問もあります。このようなキーワードで検索しているユーザーは明確な視聴目的をもっているため、疑問に答える動画であれば、最後まで視聴される確率は高いでしょう。

▶ 助詞を含むキーワードの調査方法

　たとえば、「スマホをiPhoneからAndroidへ変更した場合の情報が欲しい」ときに、『iPhone Android』と検索しても、端末の比較やどちらがオススメかといった情報が出てきてしまいます。このようなときユーザーは、関連性のありそうなキーワードを2つか3つ並べて検索してみたり、具体的なキーワードを入れて検索してみたりします。こうした場合に、ユーザーがどのようなキーワードで検索するのかを知るために活用できる機能が**Prepositions**です。

　"Preposition"は英語の"to"や"for"などの前置詞を意味し、日本語では「で」や「から」などの助詞に当たります。助詞を含む検索キーワードを調べるには、「Questions」の右隣にある「Prepositions」タブをクリックします。上記の例では、『iphoneからandroid』『iphoneからiphone』『iphoneとandroidの違い』『iphoneからiphone␣データ移行』といったキーワードで検索されていることがわかります（図2-6-3）。このようなキーワードで検索しているユーザーもまた、明確な視聴目的をもっているため、検索キーワードに適した動画であれば、最後まで視聴される確率は高いと考えられます。

●2019年4月～2019年9月

キーワード	平均検索量	2019年4月	2019年5月	2019年6月	2019年7月	2019年8月	2019年9月
iphone	1,148,000	1,148,000	1,148,000	1,148,000	1,148,000	1,412,000	2,579,000
iphone から android	7,600	2,300	9,300	9,300	3,400	6,200	9,300
iphone から iphone	2,700	1,800	2,300	1,800	2,300	3,400	3,400
iphone と android	2,300	1,500	3,400	2,700	1,200	1,800	5,100
iphone から iphone データ移行	1,800	1,500	940	450	560	1,800	5,100
iphone と android の 違い	1,800	940	1,200	1,500	1,800	940	1,800
iphone と ipad	1,500	1,800	1,800	1,500	830	1,500	2,300
iphone と android どっちがいい	830	560	560	450	560	560	830
android から iphone へ	450	250	300	200	160	200	560
iphone から iphone へデータ移行	300	200	300	160	130	250	680
android から iphone に	200	130	100	90	90	130	250
iphone と galaxy	160	130	160	160	100	200	160
iphone を ipad に ミラーリング	160	160	160	100	100	130	160
iphone から iphone へのデータ移行	160	90	50	70	50	50	160
iphone だけで 動画 編集	160	90	70	90	90	130	160

●2019年10月～2020年3月

キーワード	2019年10月	2019年11月	2019年12月	2020年1月	2020年2月	2020年3月
iphone	1,148,000	941,000	1,148,000	1,148,000	1,148,000	1,412,000
iphone から android	7,600	5,100	7,600	9,300	5,100	7,600
iphone から iphone	5,100	3,400	3,400	2,700	2,700	4,100
iphone と android	2,300	1,500	2,700	4,100	1,800	1,800
iphone から iphone データ移行	940	1,200	2,300	3,400	830	1,200
iphone と android の 違い	2,700	2,300	1,500	2,700	3,400	2,300
iphone と ipad	1,800	1,200	1,500	2,300	1,200	1,800
iphone と android どっちがいい	940	830	560	940	830	940
android から iphone へ	300	300	450	680	830	1,200
iphone から iphone へデータ移行	370	370	560	370	250	300
android から iphone に	200	160	250	300	300	450
iphone と galaxy	200	100	130	130	200	250
iphone を ipad に ミラーリング	200	160	200	160	250	250
iphone から iphone へのデータ移行	300	560	100	160	100	370
iphone だけで 動画 編集	160	160	130	250	250	250

Keyword Toolでハッシュタグを調査

● **YouTube**でもハッシュタグは使用されている
● **ハッシュタグ検索は目的とする動画を効率良く発見するために使用される**
● **ハッシュタグは具体性の高い検索で使用される傾向にある**

▶ ハッシュタグの検索量を調査する方法

Twitterや Instagram のイメージが強い**ハッシュタグ**ですが、YouTube 動画にも設定することができます。ハッシュタグは2つの単語の間にスペースを入れることができないので、1つのキーワードで設定します。ハッシュタグ検索では、そのハッシュタグが設定された動画が中心に表示されるため、キーワード検索に比べて精度の高い検索結果を得ることができます。

Keyword Tool でハッシュタグの検索量を調べるには、「Preposition」の右隣にある「Hashtags」タブをクリックします。ハッシュタグ検索は、ユーザーが検索結果を限定したいときに使うことが多いので、漠然としたキーワードよりも、商品名などの具体的なキーワードが多い傾向があります。

▶ 『iPhone』に関するハッシュタグの検索

前節で調査した「iPhone」を例に、ユーザーがどのようなハッシュタグで検索しているかを見ていきましょう。

iPhoneに関するハッシュタグ検索は、商品名での検索が多い傾向にあります（図2-7-1）。2019年9月に発表された「iPhonc11」の検索は、9月に急激に増加して翌月からは減少していますが、「iPhone11のケース」に関する検索は、9月以降一定量を保持しています。また、2019年4月までは『#iPhoneケース』の検索が多くありましたが、9月以降は『#iPhone11ケース』の検索が多いことがわかります。つまり、iPhoneのケースを訴求する動画を制作する場合、ハッシュタグを『#iphone11ケース』と設定することで、ユーザーからの視聴が期待できると考えられます。

また、商品名やケースのほか、『#iPhoneを探す』や『#iphoneメール設定』といったハッシュタグ検索が、9月から10月にかけて増加しています。これは新しいiPhone（iPhone11）を手に入れたユーザーによる検索である可能性が考えられます。つまり、

iPhoneの発売後は、iPhoneを探す方法やメールの設定方法を解説する動画の視聴回数が増加する可能性が高まるということになります。

『iphone』の検索キーワードのうち、「Hashtags」に該当するキーワードの一覧 (2-7-1)

● 2019年4月〜2019年9月

キーワード	平均検索量	2019年4月	2019年5月	2019年6月	2019年7月	2019年8月	2019年9月
#iphone11	941,000	38,100	46,600	56,900	85,200	232,000	3,850,000
#iphone11ケース	346,000	50	70	250	370	2,300	633,000
#iphoneケース	232,000	346,000	232,000	232,000	189,000	232,000	283,000
#iphone12	155,000	4,100	2,300	4,100	4,100	5,100	85,200
#iphone7	127,000	155,000	155,000	127,000	104,000	127,000	189,000
#iphonexr	127,000	155,000	127,000	127,000	104,000	127,000	232,000
#iphoneを探す	85,200	69,600	69,600	69,600	69,600	69,600	85,200
#iphone壁紙	85,200	85,200	85,200	85,200	85,200	85,200	104,000
#iphone11promax	85,200					3,400	283,000
#iphone6s	56,900	69,600	56,900	56,900	56,900	56,900	85,200
#iphonese	46,600	38,100	38,100	38,100	31,200	38,100	69,600
#iphoneメール設定	38,100	38,100	38,100	31,200	31,200	31,200	46,600
#iphone着信音	20,900	20,900	20,900	20,900	20,900	20,900	25,500
#iphoneアプリ	20,900	17,000	17,000	17,000	13,900	17,000	20,900
#iphone8plus	17,000	17,000	17,000	13,900	13,900	17,000	25,500
#iphone写真	13,900	11,400	11,400	9,300	11,400	11,400	11,400

● 2019年10月〜2020年3月

キーワード	2019年10月	2019年11月	2019年12月	2020年1月	2020年2月	2020年3月
#iphone11	1,412,000	1,148,000	941,000	1,148,000	1,148,000	1,412,000
#iphone11ケース	518,000	424,000	518,000	633,000	633,000	775,000
#iphoneケース	232,000	232,000	232,000	283,000	232,000	232,000
#iphone12	104,000	127,000	232,000	346,000	346,000	518,000
#iphone7	127,000	127,000	127,000	155,000	127,000	155,000
#iphonexr	85,200	85,200	104,000	127,000	104,000	104,000
#iphoneを探す	104,000	85,200	104,000	85,200	85,200	85,200
#iphone壁紙	104,000	85,200	85,200	104,000	104,000	127,000
#iphone11promax	155,000	127,000	127,000	127,000	127,000	104,000
#iphone6s	56,900	46,600	56,900	56,900	46,600	56,900
#iphonese	56,900	46,600	46,600	56,900	46,600	56,900
#iphoneメール設定	46,600	46,600	38,100	38,100	38,100	38,100
#iphone着信音	25,500	20,900	25,500	25,500	25,500	31,200
#iphoneアプリ	20,900	17,000	20,900	25,500	20,900	25,500
#iphone8plus	13,900	13,900	17,000	17,000	13,900	17,000
#iphone写真	13,900	13,900	13,900	13,900	13,900	13,900

Keyword Toolでの検索言語の変更とデータエクスポート

- 言語単位での検索量を把握できる
- 同じキーワードでも言語によって検索量は異なる
- Keyword Tool は Excel や CSV 形式で出力ができる

▶ 国外の検索量の調査方法

　観光業やレジャー施設業などで、主な顧客が外国人である場合は、彼らの言語に合わせて動画を制作することがあります。彼らの検索キーワードを調査するためには、Keyword Toolの**言語設定**を変更します。検索窓の右隣にある「**国/言語**」で国と言語を設定すると、その国と言語で検索した場合の検索量が表示されます。なお、同じ言語でも国が異なると検索量も異なるため、たとえば「United States/English」（アメリカ/英語）、「United Kingdom/English」（イギリス/英語）などを選択する必要があります。

　例として、『hotel tokyo』というキーワードを調査してみます。国/言語を「Japan/Japanese-日本語」に設定すると、月間の平均検索量は7,200件です。「United States/English」では41,400件、「United Kingdom/English」では16,200件です（図2-8-1）。つまり、『hotel tokyo』で検索しているユーザーは、イギリス在住よりもアメリカ在住の英語ユーザーの方が多いことがわかります。このように、国と言語を設定してから調査することにより、海外からの検索量を的確に把握することができます。

▶ キーワード検索量のデータエクスポート方法

　調査業務では、Excelで集計したり、キーワードの検索量を分析したりして、調査結果をレポートにまとめることが多々あります。そのようなときに役立つ機能が**Copy/Export all**です。「Copy/Export all」は、画面の右下に表示されています。

　「Copy/Export all」では、出力方法を3種類から選ぶことができます（図2-8-2）。検索結果の各キーワードの左にあるチェックボックスにチェックを入れていくと、「Copy/Export」の右隣にチェックを入れた数が表示されます。**Copy to clipboard**を選択すると、チェックを入れたキーワードのみがクリップボードにコピーされます。簡易的にキーワードを記録したいときに便利です。

Export to CSV、**Export to Excel**を選択すると、それぞれCSV形式、Excelファイルで出力されます。キーワードにチェックを入れればチェックを入れたものだけが出力され、チェックを入れなければすべてが出力されます。「Copy to clipboard」と異なるのは、どちらもキーワードや検索量など表示されているすべてのデータを出力できることです。

日本、米国、英国での『hotel tokyo』の検索量（2-8-1）

● 2019年5月～2019年10月

キーワード - 国名/言語	平均検索量	2019年5月	2019年6月	2019年7月	2019年8月	2019年9月	2019年10月
hotel tokyo- 日本/日本語	7,200	10,800	8,800	8,800	8,800	7,200	10,800
hotel tokyo- 米国/英語	41,400	50,600	50,600	50,600	50,600	41,400	41,400
hotel tokyo- 英国/英語	16,200	19,800	19,800	19,800	19,800	19,800	19,800

● 2019年11月～2020年3月

キーワード - 国名/言語	2019年11月	2019年12月	2020年1月	2020年2月	2020年3月	2020年4月
hotel tokyo- 日本/日本語	10,800	8,800	7,200	5,900	4,800	1,400
hotel tokyo- 米国/英語	50,600	41,400	50,600	18,500	12,400	10,100
hotel tokyo- 英国/英語	16,200	13,200	24,200	8,800	4,800	4,800

CPC (JPY) ❓　　Competition ❓

¥49.94	12 (Low)
¥13.31	🖱 Copy to clipboard
¥41.00	📄 Export to CSV
¥55.52	📊 Export to Excel

📥 Copy / Export all ▲

クリック

	A	B	C	D	E	F	G	H	I	J	K	L	M	N
1	Keywords	Search Vo	Search Vo	Search Vo	Search Vo	Search Vo	Search Vo	Search Vo	Search Vo	Search Vo	Search Vo	Search Vo	Search Vo	Search Vo
2	hotel tokyo	14900	14900	22300	14900	14900	14900	14900	14900	12200	14900	14900	14900	18300
3	hotel in tokyo japan	3600	3000	3000	3000	3600	3000	3600	3600	3600	4400	5400	4400	5400
4	imperial hotel tokyo	2400	2400	2400	1600	2000	2000	2000	2000	2000	2400	2400	2400	3600
5	tokyo vampire hotel	2000	2400	3600	2000	1600	1600	820	1600	2000	2000	2000	2400	2400
6	best hotel tokyo	1100	1100	1100	1100	1100	1100	1100	1100	820	1300	1300	1300	1300
7	tokyo hotel review	820	20	30	20	30	20	10	10	10	20	400	4400	4400
8	tokyo disneyland hotel	820	1100	820	820	730	730	730	730	730	730	820	730	730
9	godzilla hotel tokyo	590	490	490	490	400	590	590	490	490	590	730	730	820
10	tokyo pod hotel	590	730	590	590	590	590	490	490	490	590	590	490	590
11	5 star hotel tokyo	490	400	490	490	490	490	490	490	490	400	400	320	400
12	hotel okura tokyo	490	490	490	320	400	400	490	490	400	400	400	400	490
13	palace hotel tokyo	400	400	400	400	400	490	320	400	400	400	490	400	490
14	tokyo disney hotel	400	590	490	490	490	490	490	320	260	490	490	400	320
15	tokyo station hotel	400	490	400	400	320	400	400	400	400	490	400	320	320
16	new otani hotel tokyo	400	590	400	400	320	400	400	400	490	400	400	400	320
17	keio plaza hotel tokyo	400	400	400	400	400	320	400	260	320	320	320	320	400
18	tokyo luxury hotel	400	490	490	490	490	400	400	490	490	400	400	320	490
19	park hotel tokyo	320	260	120	210	170	400	400	260	260	320	490	400	400
20	tokyo japan capsule hotel	260	320	260	260	260	210	260	260	260	260	320	260	260
21	tokio hotel what if	170	140	140	140	170	170	140	170	170	170	170	120	140
22	tokio hotel live	170	170	210	140	210	210	170	210	170	140	120	140	170
23	trunk hotel tokyo	170	210	210	170	170	170	170	120	120	170	170	170	210
24	tokio hotel white lies	170										590	730	590
25	henn na hotel tokyo	140	120	120	90	170	140	90	90	120	90	140	90	260
26	tokyo capsule hotel tour	140	140	70	260	320	60	60	60	120	70	140	120	120
27	hotel east 21 tokyo	120	140	140	170	170	120	140	90	90	60	60	30	60
28	tokyo hilton hotel	120	140	170	120	120	120	90	120	90	90	140	90	140
29	hotel gajoen tokyo	90	120	120	120	140	90	90	70	60	90	90	90	140
30	tokyo most expensive hotel	90	140	90	60	70	70	90	90	90	90	90	90	90
31	onsen hotel tokyo	90	90	120	90	120	70	120	60	60	60	70	60	70
32	tokyo love hotel lyrics	90							210	210	210	210	120	120

動画調査全般を担う TubeBuddyの導入方法

Chapter 2
9

- Google Chromeの拡張機能として導入できる
- TubeBuddyはGoogleアカウントからのログインが必要
- YouTubeからログインすることで使用できる状態となる

▶ 拡張機能としてTubeBuddyを導入する方法

　TubeBuddyは、主にYouTube動画の調査を行うことができるツールです（図2-9-1）。キーワード検索で表示される動画の数や、各動画に設定されているタグなどを簡単に確認することができます。TubeBuddyは、ブラウザの**拡張機能**として利用する方法と、ウェブサイト上で利用する方法がありますが、ここではGoogle Chromeの拡張機能として利用する方法について解説します。拡張機能とは、Webブラウザの機能を増やす追加プログラムをいいます。

　TubeBuddyの導入は、まずWebサイト（https://www.tubebuddy.com）にアクセスします。「INSTALL FREE NOW」というボタンが表示されるので、これをクリックしてChromeウェブストアへ移動します。画面に表示されているアプリケーションがTubeBuddyであることを確認して、「Chromeに追加」ボタンをクリックすると、ポップアップ画面が表示されます。表示された文言を確認し、「拡張機能を追加」をクリックすると、Google ChromeにTubeBuddyが拡張機能として追加されます。

▶ TubeBuddyへのログイン方法

　TubeBuddyは、Google Chromeに拡張機能として追加しただけでは使用できません。GoogleアカウントからTubeBuddyにログインする必要があります（図2-9-2）。

　TubeBuddyを追加すると、YouTubeのトップページを開いたときに、動画をアップロードするビデオカメラのアイコンの左側に「TubeBuddy Sign-in Required, Click Here」という文字が赤色で表示されます。これをクリックすると、プライバシーポリシーと利用規約が書かれたポップアップ画面が表示されるので、確認して同意にチェックを入れると「Sign-in with YouTube」のボタンがクリックできるようになります。

　ボタンをクリックすると、TubeBuddyをどのGoogleアカウントで利用するかを聞

かれます。アカウントを選択すると、TubeBuddyに対するアクセスを確認する画面が表示されるので、項目を確認して右下に表示されている「許可」ボタンをクリックします。TubeBuddyへの認証が完了した後、YouTubeの画面へ移動し、先ほど赤文字だった部分が「Successfully Signed In!」に切り替わっていれば、TubeBuddyへのログインは完了です (図2-9-3)。

TubeBuddy Webサイト (2-9-1)

https://www.tubebuddy.com/

TubeBuddyのWebサイトには、主な機能が紹介されている。機能のカテゴリ単位で説明されているため、どのようなことができるツールかを知る上で役立つ。

TubeBuddyへのサインイン方法（2-9-2）

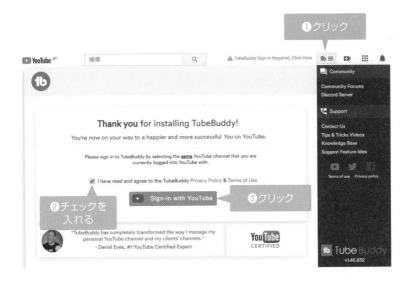

TubeBuddyをインストール後は、プライバシーポリシーと利用規約に同意の上で、
Googleアカウントを選択し、サインインする必要がある。

TubeBuddyのサインイン完了後の画面（2-9-3）

TubeBuddyのサインインが完了すると、ログイン中のチャンネル名などが表示される。

10 TubeBuddyで動画を対象に調査する方法

- 視聴している動画のSEO指標が表示される
- その動画にどのようなタグが設定されているかがひと目でわかる
- SNSに共有されているかどうかがわかる

▶ 動画の視聴画面に表示されるTubeBuddyの見方

TubeBuddyを導入すると、YouTubeの検索結果の画面や動画を視聴する画面に、様々なデータが表示されるようになります。まずは動画を視聴する画面を見ていきましょう。

YouTubeの視聴画面を開くと、関連動画の上部に「Videolytics」と表示されます。「Show Now」ボタンをクリックすると、現在の視聴している動画に設定されているメタデータや、通常は確認することができないデータが表示されます。表示されるデータは、上から順に **Summary**、**SEO**、**Social**、**Channel**、**Best Practices**、**Tags** の6つです（図2-10-1）。

「Summary」には、視聴中の動画の基本的なデータが表示されます。左から順に「視聴回数」「コメント数」「評価数」です。これらの数値はTubeBuddyを導入していなくても確認することができます。

「SEO」には、視聴中の動画に設定されているメタデータと、検索結果や関連動画の表示に関するデータが表示されます。「Creator Suggested」は、視聴中の動画の関連動画20本の中に、視聴中の動画のチャンネルの動画が何本含まれているかを表示します。

「Ranked Tags」は、視聴中の動画に設定されているタグでYouTube検索を行ったときに、動画が最初の検索結果画面に表示される回数を示します。ただし、YouTubeではユーザーの視聴傾向に合わせて動画の表示順位が変わるため、表示順位は参考程度にしておくのがおすすめです。

「SEO Score」は、TubeBuddyが定める動画SEOの評価項目をもとに算出されたスコアを示します。視聴中の動画に設定されているタグがタイトルや概要欄にいくつ含まれているかを計測してスコアを算出します（図2-10-1）。

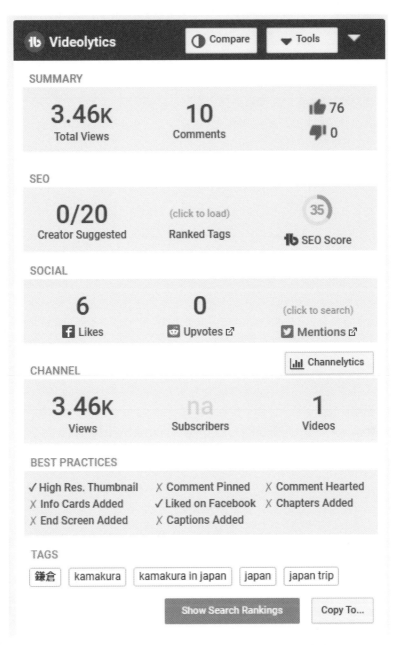

他チャンネルの動画に設定されているタグやSNSへの共有数などを確認できる

▶ SNSへの共有数や動画に設定されているタグの確認方法

「Social」には、その動画がSNSでどのくらい**エンゲージメント**や**共有**されているかが表示されます。対象となるプラットフォームは、**Facebook**、**reddit**、**Twitter**の3種類です。たとえば、その動画がFacebookで「いいね」が押されている場合は、その数が表示されます。Twitterアイコンの右ある「Mentions」をクリックすると、動画のURLを含む投稿が一覧で表示されます。

「Channel」には、その動画を公開しているチャンネルの合計視聴回数と、公開されている動画の本数が表示されます。「Views」はそのチャンネルが獲得した合計視聴回数を表し、「Videos」はそのチャンネルで公開されている動画の本数を表します。

「Best Practices」には、TubeBuddyが定める動画SEOにおいて、実行すべき項目が行われているかどうかがチェック形式で表示されます。「高解像度のサムネイルが設定されているか」「Twitterに共有されているか」「固定されたコメントが設定されているか」などのチェック項目があります。

「Tags」には、その動画に設定されているタグが表示されます。「Show Search Rankings」をクリックすると、それぞれのタグでYouTube検索を行ったときのその動画の表示順位が表示されます。「Copy To」ボタンをクリックすると、設定されているタグをクリップボードにコピーできます。

Column　動画を公開した後もTubeBuddyは役立つ

YouTubeチャンネルを運用していると、たとえばクリック率が低いなど、動画を公開した後に改善点が見つかることがあります。クリック率が低い場合は、サムネイルが原因と考えられます。

サムネイルは1つの動画に1つしか設定できませんが、動画を公開する前に、2〜3つ作成することはよくあります。現在設定しているサムネイルでクリック率が低いとき、もしかすると別のサムネイルの方がクリック率が高くなるかもしれません。YouTube Studioで別のものに直接設定しても構いませんが、できれば公平な方法でサムネイルを評価したいものです。

TubeBuddyは、2枚のサムネイルを交代交代に表示させる「ABテスト」を行うことができます。現在設定しているサムネイルと、新しく設定しようとしているサムネイルを交互に表示させることで、どちらがクリックされやすいかを判断できます。TubeBuddyは動画の調査だけでなく、動画を公開した後にも活用できるのです。

TubeBuddyで公開されている動画について調査する方法

- YouTube検索で表示された動画に含まれるタグの割合が把握できる
- 調査対象のキーワードで表示される動画の数が把握できる
- 他の動画に設定されているタグの割合と表示動画数からデータ設定を考える

▶ キーワードの良し悪しを確認する

　TubeBuddyでは、特定のキーワードで検索したときに表示される動画の数や、動画にどのようなタグが多く使用されているかについても把握することができます。たとえば、「プリンター」というキーワードで調査してみましょう。

　YouTubeで『プリンター』と検索すると、関連の動画が一覧表示され、画面右側に「Search Explorer」が表示されます（図2-11-1）。「Search Explorer」の「Show Keyword Score」タブには、キーワードの検索量や競合する動画の多さのほか、全体としてそのキーワードを検索対策の対象とすべきかどうかが、TubeBuddy独自の指標を元にグラフで表示されます。「Keyword Stats」タブには、検索したキーワードで表示される動画のうち、最も視聴回数の多い動画について、その視聴回数やその動画がどのチャンネルのものかが表示されます。

▶ 検索結果に表示された動画に設定されたタグ割合を把握する

　これらのタブの下には、「Related Searches」タブと「Common Video Tags」タブがあります（図2-11-2）。「Related Searches」タブには、検索したキーワードと関連性の高い検索キーワードが表示されます。また「Common Video Tags」タブには、設定されている比率の高いタグが表示されます。たとえば『プリンター』の検索で表示される動画については、最も多く設定されているタグは「プリンタ」「canon」「パソコン」で、多くの割合で動画に設定されていることがわかります（図2-11-3）。

　「Related Searches」の関連キーワードと「Common Video Tags」のタグは、無償版ではそれぞれ3つまでしか表示されませんが、有償版ではすべてが表示されます。表示されるキーワードやタグには、その左隣にチェックボックスがあります。ここにチェックを入れて、最下部に表示されている「Tags Selected」の「COPY」ボタンをクリックすると、チェックを入れたキーワードやタグがクリップボードにコピーされます。

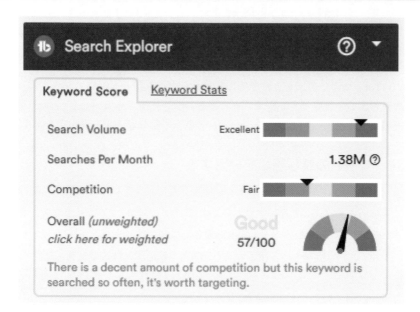

Keyword Score / **Keyword Stats**	
1b Analysis of channels & videos on this search page.	
Searches Per Month	1.38M⑦
Most Views	1,450,778
Least Views	818
Keyword in Titles	21/29
Keyword in Description	22/29
Keyword in Tags	9/29
Published Last 7 days	0
Top Channel	まさとパパの家電チャンネル
Videos You Own	0

Related Searches

- ✓ ☐ プリンター おすすめ ⤢
- ✓ ☐ プリンターヘッド洗浄 ⤢
- ✓ ☐ プリンターとパソコン 接続 ⤢
- ✓ ☐ プリンター修理 ⤢
- ✓ ☐ プリンター インク詰まり 直し方 ⤢
- ✓ ☐ プリンターインク ⤢
- ✓ ☐ プリンターのインク交換 ⤢
- ✓ ☐ プリンター インク 交換 ⤢
- ✓ ☐ プリンターインク 詰め替え ⤢
- ✓ ☐ プリンター 選び方 ⤢
- ✓ ☐ プリンター スキャンの仕方 ⤢

Common Video Tags

Select: All | None   Common video tags from the top ranking videos

- ✓ ☐ プリンタ ⤢
- ✓ ☐ canon ⤢
- ✓ ☐ パソコン ⤢
- ✓ ☐ 複合機 ⤢
- ✓ ☐ 初心者 ⤢
- ✓ ☐ キヤノン ⤢
- ✓ ☐ kazu ⤢
- ✓ ☐ カズ ⤢
- ✓ ☐ 商品レビュー ⤢
- ✓ ☐ 家電 ⤢
- ✓ ☐ キヤノン ⤢

Tags Selected   Action

0   ▼   COPY

Copy to Clipboard

▶ 表示された動画の数を確認する方法

　キーワード検索で表示された動画の詳細は、画面最上部にある「Keyword Score」で確認できます。タブ内に表示されている「click here for weighted」という文字をクリックすると、ポップアップ画面にグラフや数値などが表示されます。画面下側の「Score Analysis」に含まれる「# of Videos in Search Results」には、検索したキーワードに対する動画の数が表示されます。『プリンター』で検索した場合の動画の数は、約47万5000件であることがわかります（図2-11-4）。

　関連する別のキーワードで検索するとどうなるかをみてみましょう。画面上部には、先ほど入力した「プリンター」がすでに入力されています。ここに半角スペースを入力すると、オートコンプリート機能により、ほかのキーワードがいくつか表示されます。ここで「プリンターヘッド洗浄」を選択すると、「# of Videos in Search Results」の数値が6,830に変化します（図2-11-5）。このようにキーワードを入力するだけで、表示される動画のおおよその数を把握することができます。

　グラフの右隣の「Related Searches」には、入力したキーワードと関連するほかのキーワードが表示されます。また、「Common Tags」には、入力したキーワードで表示される動画によく使用されるタグの一覧が表示されます。これにより、ほかの動画にどのようなタグが使われているのかも把握できます。

Column　表示動画数は「目安」程度に参考にする

　TubeBuddyで表示動画数をチェックしていると、稀に同じキーワードなのに異なる結果が表示されることがあります。とくに「冷蔵庫」や「家電」などのビッグワードで調べているときに、表示動画数に違いが出ることがあります。

　TubeBuddyが示す表示動画数は、正確な数値として捉えるのではなく、あくまで表示される動画が多いか少ないかの目安と捉えるのがおすすめです。細かい数値を深追いするのではなく、競合する動画が多いか少ないかの確認のためと考えましょう。

『プリンター』での検索時に表示される動画の数 (2-11-4)

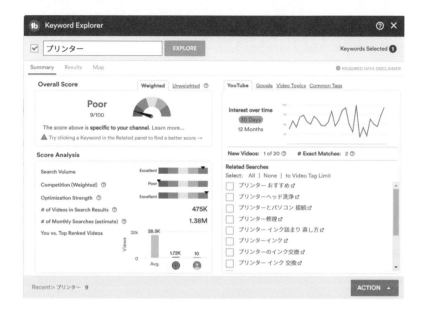

『プリンター＿ヘッド洗浄』での検索時に表示される動画の数 (2-11-5)

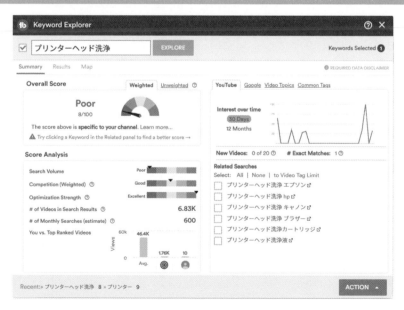

12 Keyword ToolとTubeBuddyを用いた市場調査の事例

- ● ファッションに関する検索は年代をキーワード検索される傾向がみられる
- ● レディースファッションを含む検索は商品カテゴリに限定した検索がされる
- ● 商品カテゴリに関する検索で表示動画数が異なる

▶ 「ファッション」をテーマとした検索量の調査事例

Keyword ToolとTubeBuddyを利用した動画の調査事例として、ここでは「ファッション」をテーマに取り上げてみましょう。

まず、概要を把握するために、Keyword Toolで『ファッション』の検索量を調査します（図2-12-1）。「ファッション」という言葉自体で、約19万回の月間検索量があります。次が『ファッション␣メンズ』で、約4万件です。関連するキーワードを見ていくと、比較的上位に「80年代」「70年代」といった年代に関するものがあります。ファッションをテーマとする場合、**年代別**に動画を制作することが企画の一つとして考えられます。

▶ 「ファッション」をテーマとした表示動画数の調査事例と考察

では、さっそく年代別の動画制作を考えてみましょう。まずは「ファッション」を中心に、年代別のキーワードを組み合わせて検索し、表示される動画数を調査します。

最も検索量の多かった「80年代」について、『80年代␣ファッション』と検索すると、表示される動画数は約10万件です。続いて、『70年代␣ファッション』は約4.5万件、『60年代␣ファッション』は約8.7万件です。検索量は、『80年代␣ファッション』が単月1.1万件、『70年代␣ファッション』と『60年代␣ファッション』はともに6,200件です。ただ、「70年代」で表示される動画の数は、「60年代」のおよそ1/2となっています。

以上から、年代別をテーマに動画を制作する場合は、キーワードの検索量が多く、競合する動画数の割合がそれほど変わらない「80年代」「70年代」を優先し、検索キーワードの検索が少なく、競合する動画の数が多い「60年代」を最後にするのが効率的と考えられます。

● 2019年4月〜2019年9月

キーワード	平均検索量	2019年4月	2019年5月	2019年6月	2019年7月	2019年8月	2019年9月
ファッション	189,000	155,000	155,000	155,000	155,000	189,000	189,000
ファッション メンズ	38,100	31,200	31,200	31,200	31,200	31,200	38,100
ファッション ユニクロ	25,500	56,900	69,600	46,600	38,100	4,100	6,200
ファッション 通販	20,900	25,500	20,900	20,900	20,900	20,900	25,500
80年代 ファッション	11,400	9,300	9,300	9,300	11,400	11,400	11,400
ファッションスナップ	9,300	9,300	7,600	9,300	7,600	7,600	9,300
ファッション 腕時計	7,600	6,200	6,200	7,600	7,600	6,200	9,300
ファッションデザイナー	7,600	6,200	6,200	7,600	6,200	6,200	6,200
ファッションモンスター	6,200	4,100	5,100	6,200	5,100	6,200	7,600
70年代 ファッション	6,200	6,200	6,200	6,200	6,200	6,200	7,600
60年代 ファッション	6,200	5,100	6,200	6,200	6,200	6,200	7,600
ファッション コーディネート	6,200	7,600	6,200	6,200	6,200	6,200	6,200

● 2019年10月〜2020年3月

キーワード	2019年10月	2019年11月	2019年12月	2020年1月	2020年2月	2020年3月
ファッション	189,000	189,000	189,000	189,000	189,000	189,000
ファッション メンズ	46,600	46,600	38,100	38,100	38,100	46,600
ファッション ユニクロ	13,900	17,000	13,900	17,000	160	11,400
ファッション 通販	25,500	20,900	20,900	17,000	17,000	25,500
80年代 ファッション	11,400	11,400	11,400	11,400	11,400	11,400
ファッションスナップ	9,300	9,300	9,300	9,300	7,600	9,300
ファッション 腕時計	9,300	9,300	9,300	7,600	7,600	9,300
ファッションデザイナー	6,200	11,400	9,300	11,400	9,300	7,600
ファッションモンスター	9,300	7,600	6,200	6,200	5,100	5,100
70年代 ファッション	7,600	6,200	5,100	6,200	6,200	6,200
60年代 ファッション	7,600	5,100	5,100	6,200	5,100	5,100
ファッション コーディネート	7,600	7,600	6,200	6,200	6,200	6,200

「ファッション」を含むキーワード検索で、ユーザーが年代で検索していることがわかる。検索量が多いキーワードを知るだけでも、動画企画に対する制作優先度を決めることに役立つ。

● 2019 年 4 月 ～ 2019 年 9 月

キーワード	平均検索量	2019年4月	2019年5月	2019年6月	2019年7月	2019年8月	2019年9月
レディース	518,000	518,000	518,000	518,000	518,000	518,000	633,000
レディース ファッション	1,412,000	69,600	775,000	1,148,000	1,148,000	1,148,000	1,412,000
レディース 服	775,000	775,000	633,000	633,000	518,000	518,000	775,000
レディース スーツ	31,200	38,100	31,200	25,500	20,900	17,000	25,500
レディース 財布	31,200	25,500	31,200	31,200	25,500	31,200	31,200
レディース スニーカー	25,500	31,200	25,500	25,500	20,900	17,000	25,500
レディース 靴	17,000	20,900	17,000	11,400	9,300	7,600	17,000
ma-1 レディース	17,000	17,000	5,100	2,300	2,300	5,100	13,900
レディース 時計	17,000	17,000	17,000	17,000	17,000	17,000	20,900
レディース 長財布	13,900	11,400	9,300	11,400	9,300	11,400	13,900
レディース リュック	13,900	13,900	17,000	13,900	13,900	13,900	17,000
レディース コート	13,900	2,300	940	680	680	2,300	6,200
レディース 腕時計	13,900	11,400	13,900	13,900	13,900	13,900	17,000

● 2019 年 10 月 ～ 2020 年 3 月

キーワード	2019年10月	2019年11月	2019年12月	2020年1月	2020年2月	2020年3月
レディース	518,000	518,000	518,000	424,000	424,000	518,000
レディース ファッション	1,722,000	2,108,000	2,108,000	1,722,000	1,412,000	1,722,000
レディース 服	775,000	941,000	775,000	941,000	775,000	941,000
レディース スーツ	31,200	31,200	25,500	46,600	46,600	38,100
レディース 財布	20,900	25,500	38,100	38,100	25,500	25,500
レディース スニーカー	25,500	20,900	17,000	20,900	20,900	31,200
レディース 靴	17,000	20,900	17,000	17,000	13,900	17,000
ma-1 レディース	25,500	38,100	25,500	20,900	17,000	17,000
レディース 時計	17,000	20,900	31,200	17,000	13,900	17,000
レディース 長財布	11,400	11,400	17,000	20,900	13,900	11,400
レディース リュック	13,900	11,400	13,900	13,900	11,400	11,400
レディース コート	13,900	46,600	46,600	25,500	11,400	6,200
レディース 腕時計	13,900	13,900	17,000	13,900	11,400	11,400

「ファッション」と「レディース」では、キーワード検索の仕方が違うことがわかる。
ユーザーが持つイメージによって、意味としては同じ言葉でも、異なる検索傾向を持
つことがある。

▶ 「レディースファッション」をテーマとした検索量の調査事例

『ファッション』の検索では、「レディース」よりも「メンズ」の方が検索量が多いことがわかりました。では、レディースのファッションは、どのように検索されているのでしょうか。Keyword Toolに『レディース』と入力して検索した結果が図2-12-2です。『レディースファッション』というキーワードが多いことがわかります。つまり、レディースのファッションをテーマに動画を制作する際は、動画のタイトルを「ファッション＿レディース」ではなく「レディースファッション」にした方が、より多く表示されると考えられます。

▶ 「レディース」をテーマとした表示動画数の調査事例と考察

また、『レディース』のキーワードで検索量が多いものに、『レディース＿服』『レディース＿スーツ』『レディース＿スニーカー』『レディース＿靴』『レディース＿時計』などがあります。レディースのファッションは、「レディース」＋「商品カテゴリ」で検索されていることがわかります。そこで、それぞれのキーワードの検索量と表示動画数を調査してみます（図2-12-3,4）。すると、「服」は単月で約77万件の検索に対して表示される動画数は約25万本、「スーツ」は3万件に対して10万本、「靴」は1.7万件に対して約17万本、「時計」は1.7万件に対して約12.5万本です。この結果から、「レディース＿服」は、キーワード検索量が圧倒的に多いことから優先的に制作するべきと考えられます。また「レディース＿スーツ」も、「靴」や「時計」より検索量が多く、かつ表示動画数が少ないことから、優先的に制作してよいと判断できます。

テーマが「レディース＿服」と決まっても、実際にどのような動画を制作すればよいのかイメージが湧きづらいかもしれません。そこで、YouTubeで『レディース＿服』で表示される動画について、視聴回数や公開日を把握した上で、どのような動画が短期間に多くの視聴回数を獲得しているかを調査します。

『ファッション』での検索時に表示される動画の数 (2-12-3)

キーワード	月間平均検索量	表示動画数
ファッション	189,000	1,140,000
ファッション メンズ	38,100	753,000
ファッション ユニクロ	25,500	243,000
ファッション 通販	20,900	153,000
80年代 ファッション	11,400	107,000
ファッションスナップ	9,300	108,000
ファッション 腕時計	7,600	59,100
ファッションデザイナー	7,600	82,000
ファッションモンスター	6,200	86,500
70年代 ファッション	6,200	45,200
60年代 ファッション	6,200	87,400
ファッション コーディネート	6,200	289,000

『レディース』での検索時に表示される動画の数 (2-12-4)

キーワード	平均検索量	表示動画数
レディース	518,000	353,000
レディースファッション	1,412,000	496,000
レディース 服	775,000	250,000
レディース スーツ	31,200	109,000
レディース 財布	31,200	92,800
レディース スニーカー	25,500	64,100
レディース 靴	17,000	174,000
ma-1 レディース	17,000	11,500
レディース 時計	17,000	125,000

チャンネル設計

──動画プロモーションの基本戦略

　企業がYouTube上で動画プロモーションを実施するときに重要となるのが、ユーザーを動画の間で回遊させる設計です。多くのユーザーに視聴されることを目的とした動画から、企業の売上につなげるための動画へ誘導するようにします。本章では、企業のチャンネル設計について解説します。

1 チャンネル設計とは

- チャンネルとは動画を公開するための母体の役割を担う
- チャンネル設計とはどのような動画を公開するかを決めるための設計図
- ユーザーからチャンネルに興味を持ってもらうためにチャンネル設計を行う

▶ 事業規模に合わせてチャンネルを作る

　YouTubeに動画を投稿するときに必ず求められるのが、**チャンネル**の作成です。チャンネルとは、いわばYouTube上の放送局で、動画を配信する母体となるものです。すべての動画はチャンネルに投稿され、投稿されたチャンネルからユーザーに配信されます。

　企業の場合は、企業の公式チャンネルから動画を配信することもあれば、ブランド単位や事業単位でチャンネルを作成して配信することもあります。ただし、事業規模が大きく、取り扱う商品やサービスが大きく異なっていたり、ターゲットユーザーが明確に違う場合でなければ、動画は1つのチャンネルに投稿する方がよいでしょう。

▶ チャンネル設計でどんな動画を投稿するか決める

　チャンネルを作るに当たって、まず必要となるのが**チャンネル設計**です。チャンネル設計とは、どのような動画を投稿するのかをあらかじめ決めておくことです。YouTubeは基本的に動画を視聴するためのプラットフォームなので、ユーザーがYouTube上で触れるものも基本的に動画です。チャンネルを検索するユーザーもいるかもしれませんが、その数は限りなく少ないでしょう。

　より多くのユーザーから視聴を獲得するためには、投稿する動画の本数が多いことが重要です。しかし、企業の場合は一般に、動画を次々と出すことは困難です。ブランドイメージを崩さない表現や映像デザイン、表記の確認など、様々な承認プロセスが必要になるからです。そのため1本の動画が公開されるまでには、個人で投稿する場合に比べて多くの時間がかかります。

▶ 企業を認知していないユーザーにリーチするためのチャンネル設計

　企業は動画の公開までに時間がかかるので、より効率良くターゲットユーザーにリーチする動画制作が求められます。すでに自社の商品やサービスを知っているユーザーであれば、リーチすることはそれほど難しくありません。しかし企業が目的とするのは、まだブランドを知らない、企業を認知していないユーザーにプロモーションして購買を促すことです。こうしたユーザーが、自社の商品やサービスを検索することはほとんど期待できません。そのため、検索以外の方法で彼らにリーチする必要があります。

正しい眼鏡の選び方に関する説明をする動画に表示された関連動画（3-1-1）

眼鏡について解説する動画の関連動画には、他の眼鏡に関する動画が表示される。メガネショップやサングラスについての解説など様々な動画が表示される。ショップまたはチャンネルをユーザーが認知していない場合でも、このような経路からユーザーへのアプローチが可能である。

1-4節で、YouTubeでは動画視聴の70%がアルゴリズムのおすすめであることを紹介しました。検索の対象でなくても、テーマやカテゴリが同じであれば、ユーザーは視聴する傾向があります。つまり、関連動画やトップページを経由することで、ブランドや企業を認知していないユーザーにもリーチできる可能性があるということです。

また、ユーザーは悩みや課題があったり興味を持ったりしたときに、YouTubeを検索します。こうしたニーズに応える動画であれば、商品やサービスへの認知の有無に関係なく、視聴される確率は高まります。第2章で解説した調査結果から得られた情報をもとに、ユーザーが興味を持ちそうな動画を作成し、最終的にどのように「購買へ繋がる動画」を視聴してもらうかを考えます。

▶ 動画の視聴だけでなくチャンネルに対してユーザーに興味を持ってもらう

企業のプロモーションとして、商品に関する動画を投稿するだけでは、視聴回数が伸び悩む上に、チャンネルを認知してもらうことも期待できません。商品の動画を視聴したいと思うユーザーは、すでにその商品を持っているか、高い興味を示している場合に限られるからです。商品の使い方に関する動画も必要ですが、そういった動画だけではリーチできるユーザーの幅は狭まります。

チャンネル設計の第1の目標は、ユーザーに企業のYouTubeチャンネルの存在を知ってもらうことです。普段YouTubeを使用していて「こんなチャンネルあったんだ」「TwitterやInstagramの公式アカウントは知っていたけど、YouTubeの方は知らなかった」と思うことは往々にしてあります。ユーザーは動画を視聴しても、必ずしもチャンネルを認知しているわけではありません。「チャンネルを認知する」とは、ユーザーが動画を視聴する中で「このチャンネルには、ほかにどんな動画が上がっているのだろう」といった**チャンネルに対する興味**を持つことです。チャンネル内のほかの動画がユーザーの好みや求める情報と合致すれば、そのユーザーが**チャンネル登録**を行う確率は高まります。

▶ チャンネル登録により視聴回数を獲得しやすくなる

ユーザーからチャンネル登録されるメリットは、チャンネル登録者にリーチしやすくなるだけでなく、新しい動画を公開したときに視聴回数を集めやすくなることもあります。YouTubeには、Webサイトにもスマホアプリにも「**登録チャンネル**」というボタンが設置されています。これをクリックすると、登録しているチャンネルの公開

動画が最新順に表示されます。ユーザーは登録しているチャンネルの動画を視聴したいときに、検索をすることなく、このボタンから動画を視聴することができます。

　チャンネル登録者が増えれば、YouTube検索や関連動画といったトラフィックに加えて、チャンネル登録をしているユーザーにも動画が表示されるため、より多くの視聴回数を比較的早く獲得することができます。公開して間もない動画が視聴を獲得すると、YouTubeのアルゴリズムが視聴傾向を早く学習するので、ほかの動画に「関連動画」として表示されやすくなります。

　ユーザーに動画だけでなくチャンネルにも興味を持ってもらい、投稿される動画を今後も見たいと思ってもらえるようにチャンネル設計を行います。

PCでの『登録チャンネル』の表示例（3-1-2）

ユーザーが登録チャンネルの動画を視聴する場合、『登録チャンネル』というページからチャンネル登録済みの最新の動画を確認できる。チャンネル登録したユーザーを確保することで、一定の視聴回数の獲得が期待できる。

見て欲しい動画へユーザーを誘導する

- ●ユーザーは情報を得るためにYouTubeで動画を視聴する
- ●動画型オウンドメディアとしてYouTubeを活用する
- ●認知目的の動画と販売目的の動画に分類して考える

▶ 高品質な映像は制作本数に限りがある

企業は一般に、動画によるプロモーションとして、商品の良さを訴求したり、良いイメージを持たせるために、キレイな映像を制作します。しかし、そうした映像を制作するためには、スタジオやカメラマン、照明、音声、美術など専門の技術者が必要となります。また、映像を監修するディレクター、編集する技術者、CG制作の技術者なども必要です。

企業にとって、商品のイメージを決定づける、テレビCMのような高品質な映像はもちろん必要です。映像に出演する芸能人のイメージを利用して商品価値を上げるといった手法も重要なプロモーションの一つです。しかし、こうした高品質な映像には、多くの人手と時間、コストがかかります。このような映像のみを定期的、継続的に制作していくことは難しいのが現実です。

▶ 動画のクオリティよりもユーザーが興味を持つ内容であるかが重要

しかしながらYouTubeでは、クオリティの高い動画が視聴回数を獲得しているかというと、決してそうではありません。Googleの調査によると、「自分の興味との関係性」の方が「動画のクオリティ」よりも1.6倍重要であるいう結果となっています。人気YouTubeクリエイターの動画と、企業が制作した動画とでは、クオリティの面では圧倒的に企業の方が高いものの、視聴回数などの人気はYouTubeクリエイターの方が高いのです。企業として問題がない程度のクオリティに抑え、代わりにユーザーが興味を持ちやすい動画を複数公開することを検討する必要があります。

YouTubeの調査によると、携帯端末でYouTubeを利用するユーザーの動画視聴の動機は、**エンタテインメント**が全体の59.5%、**情報**が30.7%、**繋がり**が9.8%という結果となっています。企業が公開する動画は商品情報の紹介なので、「エンタテインメン

ト」というよりは「情報」になります。他方、YouTubeクリエイター動画は、大半が「エンタテインメント」に分類されるでしょう。この結果からも、YouTubeクリエイターの方が視聴回数を集めやすいと言えそうです。

　では、企業がYouTubeクリエイターと同じようなことをできるでしょうか。YouTubeクリエイターが人気を博した理由の一つは、テレビでは放送困難なコンテンツを配信したことです。しかし、企業はテレビのスポンサー側ですから、同じようなコンテンツを配信することは難しいことの方が多いでしょう。

ユーザーがYouTubeを視聴する動機 (3-2-1)

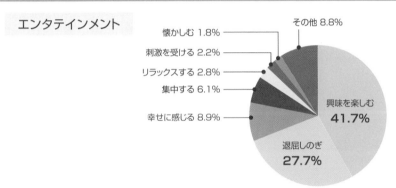

エンタテインメント

懐かしむ 1.8%
刺激を受ける 2.2%
リラックスする 2.8%
集中する 6.1%
幸せに感じる 8.9%
その他 8.8%
興味を楽しむ 41.7%
退屈しのぎ 27.7%

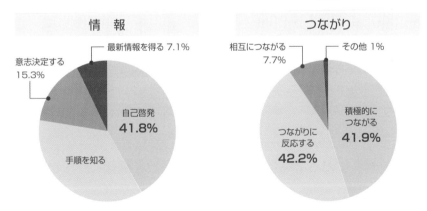

情　報

最新情報を得る 7.1%
意志決定する 15.3%
自己啓発 41.8%
手順を知る

つながり

相互につながる 7.7%
その他 1%
積極的につながる 41.9%
つながりに反応する 42.2%

出典：MobileHCI.「YouTube Needs: Understanding User's Motivations to Watch Videos on Mobile Devices」(2018)

▶ 情報に関する視聴動機は４つのカテゴリに細分化される

　ユーザーの動画視聴の動機のうち、企業が焦点を当てるべきは「情報」です。「情報」をさらに分類すると、**Self-development：自己啓発**が全体の41.8%、**Instructions：手順**が35.8%、**Decision：決定**が15.3%、**Latest：最新**が7.1%となります。「自己啓発」とは何かを学ぶためという視聴動機で、たとえば「英語を学びたい」などです。「手順」とは文字通りで、何かの操作方法や修理方法などが考えられます。「決定」とは商品購入などの意思決定のための視聴動機で、「最新」とはニュースなど何かの最新情報を知るための視聴動機です。

　商品やサービスについてユーザーが知りたいことは、第２章の市場調査で把握することができました。この調査の分析結果をもとに視聴ニーズを分類し、YouTubeチャンネルとしてどのようなテーマで動画を制作するかを検討します。商品の使い方といったHow To動画だけではなく、購入の意思決定を促すための動画や、商品に関連する知識を解説する動画なども必要です。どのカテゴリに分類される動画を、どのような優先順位で、いくつ作るかについても検討する必要があります。

『情報』を視聴動機に持つユーザーの視聴目的（3-2-2）

視聴動機	発生率	ユーザーの心理状態	
		意図が明確	緊急性がある
自己啓発	41.8%	58.6%	47.0%
手順	35.8%	69.5%	62.6%
決定	15.3%	72.2%	44.9%
最新	7.1%	64.6%	76.8%

出典：MobileHCI.「YouTube Needs: Understanding User's Motivations to Watch Videos on Mobile Devices」(2018)

▶ ユーザーにとって有益な情報は視聴回数を獲得しやすい

　「情報」という視聴動機のうち、最も割合が高いのは「自己啓発」です。ユーザーは有益で学びにつながる情報を求めています。企業にとってユーザーにリーチしやすい動画とは、このような動画であるということになります。

　「手順」も同様に、ユーザーにリーチしやすいコンテンツといえます。「手順」は商品の使い方だけでなく、「何かのやり方」という視点で見ると、制作できる動画の幅が広がります。市場調査の結果で得られた「ユーザーの課題や悩み」をテーマとして、それ

を解決する手順と考えれば、企業ならではの知識や情報を紹介するコンテンツも考えられます。

ユーザーの興味・関心を主体とした「認知目的の動画」でリーチの幅を広げる

このように、商品の宣伝ではなく、興味・関心を惹くことを目的とした動画は、**認知目的の動画**といえます。プロモーションの最初の目標は、ユーザーにチャンネルの存在を認知してもらうことです。顧客となるユーザー層が知りたい情報に対して、企業ならではの知識や情報を提供する動画を制作することで、より幅広いユーザーへのアプローチを目指します。

「認知目的の動画」は、今では一般的となった**オウンドメディア**の記事と似ています。オウンドメディアとは、企業が所有するWebマガジンやブログなどのことで、商品やサービスを検討するユーザーに役立つ情報を提供するものです。たとえば、経理ソフトを提供する企業であれば、経理担当者が抱える課題の解決に役立つ情報サイトとして、勘定科目の処理方法といった基本から、税率が変わった場合の対処方法まで、さまざまな記事が考えられます。

「認知目的の動画」も、ユーザーの課題や疑問を解決するためのコンテンツの制作という意味では、オウンドメディアと同じです。「YouTube上で動画プロモーションを行う」と考えるとイメージが湧きにくいかもしれませんが、「動画型オウンドメディアを作る」と考えればイメージしやすくなるのではないでしょうか。

70%の買い物客はYouTubeでブランドや企業から商品の情報を知ることに好意的である（3-2-3）

70%

of shoppers said they're open to learning about products on YouTube from brands.

Think with Google

Google/Magid Advisors, U.S., "The Role of Digital Video in People's Lives," n=2,000, 18–64 general online population, July 2018.

https://www.youtube.com/user/takaratomychannel/videos

商品レビューの他にも商品に関する説明の動画など多彩なコンテンツを展開している。

▶ 販売を目的とする動画でユーザーの購買意思を促す

　動画が役立てばユーザーはそこで満足しますが、企業としては商品の購入につながらなければ目的を達成できません。動画が視聴され、チャンネルが認知された後は、ユーザーの興味を商品やサービスに向ける必要があります。そのために必要となるのが**販売目的の動画**です。「販売目的の動画」は、なぜその商品が良いのか、どのような使い方ができるのかなどを説明する動画です。「認知目的の動画」に比べて視聴回数は減りますが、商品やサービスに関心の高いユーザーから視聴を集めることができます。

　「販売目的の動画」は、前述の「情報」という視聴動機のうちの「決定」や「最新」に当たります。ユーザーは何か商品を購入するときに、決め手となるものを求めます。クチコミサイトを閲覧したり、レビュー動画を視聴したり、Webサイトから商品情報を得たりと、様々な情報を収集した上で購入を決定します。Googleの調査によると、商品の購入を検討する際、80%のユーザーがオンライン検索と動画を相互に確認しています。このような商品への興味関心が高いユーザーに訴求するためにも、「販売目的の動画」の制作が必要となります。

of people surveyed say they typically switch between online search and video when researching products to buy.

80%

Think with Google

Google/Magid Advisors, Global (U.S., CA, BR, U.K., DE, FR, JP, IN, KR, AU), "The Role of Digital Video in People's Lives," n=20,000, A18–64 general online population, Aug. 2018.

出典：Google/Magid Advisors, Global (U.S., CA, BR, U.K., DE, FR, JP, IN, KR, AU), "The Role of Digital Video in People's Lives," n=20,000, A18-64 general online population, Aug. 2018.

 Column 　**企業YouTubeの動画企画の考え方**

　企業がYouTube動画を制作する際、頭を悩ませることになるのが「どんな動画を作るか」です。「どんな動画を作るか」には、「どんな動画企画にするか」のほかに、「誰が出演するか」ということもあります。

　企業チャンネルの場合、最も重視すべきは「その企業でしか作れない動画」であることです。ただし、決して難しく捉える必要はなく、柔軟に捉えてください。たとえば、企業の社員が出演する動画は、その企業にしか作ることができません。また、新商品の紹介動画を発売当日に公開することは、その商品の販売企業にしかできないことです。一般消費者であれば、その商品を購入して動画を撮影・編集するのに、必然的に時間を要します。

　企業の属する業界や取扱い商品によって動画企画は様々ですが、その企業にしか作れない動画というのは意外とあるものです。YouTubeクリエイターと似たような動画を作ろうとするならば、彼らより面白い動画を作る必要があるでしょう。しかし、「その企業にしか作れない動画」を企画の基盤として考えれば、彼らの動画とは違った視聴ニーズを掘り起こすことができます。

　「その企業でしか作れない動画」の利点は、文字通り「その企業でしか作れない動画」であるため、YouTubeクリエイターや一般の動画投稿者の動画では満たすことのできない視聴ニーズを満たすことができることです。他者が簡単には真似のできない動画は、「その企業ならではの特長を活かすためにどうすればよいか」という発想を起点に検討することがおすすめです。

設計における２つの基本指標（必要性と欲求度）

- 認知目的の動画は商品の購買意欲を高めるための動画である
- 販売目的の動画は特定の商品に対する必要性を高めるための動画である
- それぞれの目的を持つ動画に分類することで動画プロモーションを行う

▶ 商品の欲求度を高めるための「認知目的の動画」

　前節で、企業の動画プロモーションと親和性が高いユーザーの視聴動機は「情報」であることを紹介しました。「情報」という視聴動機は、さらに「自己啓発」「手順」「決定」「最新」の4つに分かれ、「自己啓発」と「手順」は**認知目的の動画**と親和性が高く、「決定」と「最新」は**販売目的の動画**と親和性が高いと言いました。「認知目的の動画」は商品やサービスをまだ知らないユーザー層、「販売目的の動画」はすでに認知しているユーザー層とターゲットが異なるので、動画が担う役割もそれぞれ異なります。

　「認知目的の動画」は、ユーザーに対して商品への**欲求度**を高める役割を担います。商品や商品に付随する情報を「ユーザーの課題や悩みの解決」という見せ方で紹介し、商品を欲しいと思ってもらいます。たとえ欲求度がゼロのユーザーであっても、その商品が不要と思っているわけではなく、「こんな課題は解決できるわけがない」と思い込んでいるだけかもしれません。「認知目的の動画」が担う役割は、こうした潜在的なユーザー層へのアプローチです。

▶ 専門性の高い情報ほど企業が提供する価値がある

　「認知目的の動画」と親和性の高い「自己啓発」という視聴動機は、個人の動画よりも企業の動画の方が**情報の妥当性**という意味で優位といえます。

　YouTubeは視聴動機に関する調査の中で、「自己啓発において、調査参加者の主な課題は"その情報の妥当性の確認"であった」と報告しています。つまり、ユーザーにとっては動画で得た情報が正しいかどうかの確認が課題であるということです。とくに専門性の高い分野における企業の場合は、情報の妥当性という点から、個人が発信する動画よりも信頼を得られる動画となるでしょう。

▶ YouTubeのアルゴリズム変更によりリーチできるユーザーの幅が広がった

「認知目的の動画」は、YouTubeアルゴリズムの視点からも、大きな利点があります。YouTubeは2019年初頭に公式ブログの中で、おすすめされる動画のアルゴリズムに大きな変更を加えたことを発表しています。おすすめする動画のトピックの幅も拡大されました。

ユーザーの悩みや課題に焦点を当てる「認知目的の動画」は、商品の特徴や使い方を説明する「販売目的の動画」に比べて、トピックが限定的になりません。そのため、動画がほかの動画の関連動画として表示されたり、商品と関連するテーマの動画を視聴しているユーザーのトップページに表示される可能性が高くなります。アルゴリズムの変更によりトピックの幅が拡大したということは、企業にとってリーチできるユーザーの母数が増えたということができます。

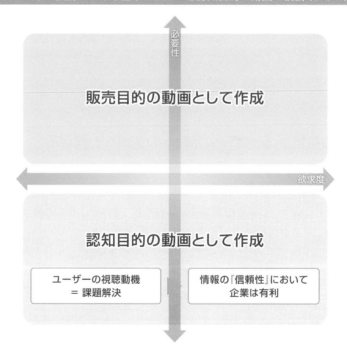

チャンネル設計における基本フレームと認知目的の動画の役割（3-3-1）

必要性

販売目的の動画として作成

欲求度

認知目的の動画として作成

| ユーザーの視聴動機
= 課題解決 | 情報の『信頼性』において
企業は有利 |

認知目的の動画の多くは、ユーザーの視聴動機が「情報」であることが多い。企業はその専門性から信頼を獲得しやすい。

▶ ユーザーに必要性を訴えかけるための「販売目的の動画」

　企業が動画プロモーションを行う主な目的は、認知による購買層の増加です。「認知目的の動画」によって商品を認知してもらったら、次に「販売目的の動画」によって、数多くの類似する商品の中から、自社の商品を欲しいと思ってもらう必要があります。つまり、販売目的の動画は、類似する他の商品ではなく、自社の商品をユーザーから選んでもらうための**必要性**を高めることが主な役割です。「販売目的の動画」とは、主に商品やサービスの特長や使い方を紹介するもので、企業がこれまでに制作してきた動画と内容としては同じと考えてよいでしょう。

　「販売目的の動画」に対するユーザーの視聴動機は、3-2節で述べたように、「情報」のうちの「決定」と「最新」です。「決定」については、購入の決め手になるような情報を訴求していきます。機能性やデザインなどの特長だけでなく、広告では伝えきれなかった情報を提供する動画や、ユーザーとコミュニケーションを図るような動画も考えられます。

　また、商品を使用したり、身につけたりする様子が具体的にイメージできる動画も有効でしょう。服やアクセサリーなどは店頭で身につけてみて初めて購買心理が動くこともありますし、ソフトウェアなどのサービスは実際に操作してみなければわからない利便性があります。動画は画像や文字と違い、動きで訴求できるメディアです。実際に身につけたり操作したりはできませんが、画像や文字よりもイメージを持たせやすいことは大きな強みです。

▶ 最新の情報がユーザーの動画への信頼へと繋がる

　「販売目的の動画」に対するユーザーの視聴動機のうち「最新」については、商品やサービスに関する最新情報を訴求していきます。

　YouTube上には日々膨大な動画が公開され続けており、これらの動画は投稿者もしくはYouTubeが何らかの理由で削除しない限り残り続けます。YouTube検索では、最新の動画の方が上位に表示されやすくなっていますが、数年前に投稿された動画も同様に表示されます。

　業界情報や技術的ノウハウは最新の情報が求められるため、古い情報は徐々に情報としての信頼性を失っていきます。企業のチャンネルに最新情報に関する動画が公開されていれば、ユーザーからの信頼に繋がります。とくにBtoBのビジネスを展開する企業の場合であれば、インターネットでは得られない最新情報や、専門分野に携わる人だけが知っている最新情報を公開することで、訴求力が高まると考えられます。

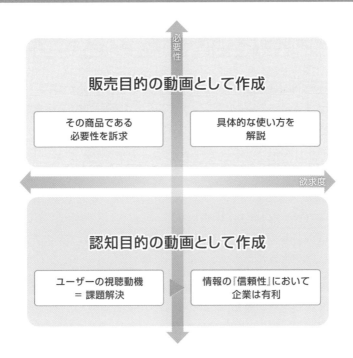

「販売目的の動画」はユーザーにその商品でなければならない必要性を訴求することが重要。動画で使い方などを解説することで、動画というメディア特性を生かした訴求を行うことができる。

Column ターゲットを絞りすぎないことの重要性

企業がYouTubeを活用する最大のメリットは、これまでリーチしづらかったユーザーに対して、動画を通じてプロモーションできることです。これは、自分の動画を視聴してくれそうなユーザーに動画を表示するという、YouTubeアルゴリズムの特徴によるものです。

企業のYouTubeチャンネルでは、動画を公開し続けているうちに、リーチできるユーザーの幅が狭まってしまうことがあります。ターゲットユーザーを絞り込んで動画を制作しているために、YouTubeアルゴリズムが限られたユーザーにしか表示しなくなってくるからです。

動画を制作する際には、ターゲットユーザーを明確にする必要はありますが、似たようなユーザーばかりをターゲットとしてしまうと、リーチできるユーザーの幅が狭まってしまいます。目的から大きく外れない範囲で、少し趣向の異なるテーマの動画を制作することで、ターゲットの絞り込み具合を緩めることも必要となります。

消費者と企業のニーズをチャンネル設計に組み込む方法

- 認知目的の動画はまずユーザーにリーチ出来ることが重要である
- 企業が提供する情報として動画を公開することで情報に対する信用性を高める
- 販売目的の動画は、ユーザーに購入や使用のイメージをさせる

▶ 「暇つぶし」の動機から視聴のきっかけを掴む

　企業がYouTubeで動画プロモーションを行う目的は、「商品の販売」です。一方、ユーザーがYouTubeを視聴する目的は、「暇つぶし」や「情報収集」などが約90％を占めています。YouTubeは視聴する動画をユーザーが自ら選択するプラットフォームなので、動画が視聴されるためにはユーザーに選択してもらわなければなりません。企業の商品紹介の動画を選択するユーザーも存在しますが、そのような動画をいきなり視聴するユーザーは多くはないでしょう。

　ユーザーの視聴動機に沿った動画から、販売目的の動画に誘導するためには、ユーザーのニーズをチャンネルに組み込んで、動画を展開していく必要があります。商品やサービスに関する動画を視聴して、急に商品が欲しくなるということはあまりないでしょう。まずは「認知目的」の動画によって、より多くのユーザーにリーチし、商品に対する欲求度を高める必要があります。

▶ 子猫の販売を目的とした認知目的の動画を検討

　例として「子猫の販売」を考えてみましょう。ターゲットは猫好きの人や購入を検討している人などが考えられます。そのようなユーザーは、癒やしを得るため、もしくは単なる暇つぶしとして、YouTubeで猫の動画を視聴していると想定されます。「認知目的の動画」としては、猫がエサを食べている様子や、おもちゃで遊んでいる様子など、様々なコンテンツが考えられます。

　また、子猫の購入を検討しているユーザーは、何らかの疑問や不安を持っているはずです。どんなエサを与えればよいか、トイレやケージ、おもちゃなど準備すべきものは何か、躾は爪切りはどうするのかなど、とくに初めて飼う場合であれば悩みは尽きません。動画を視聴しても、今度はそれが本当に正しい情報かどうかという疑問が生じるということは、2-3節で説明しました。子猫を販売する企業だからこそ提供でき

る適切な情報は、子猫の購入を検討しているユーザーにとって有益なものとなります。

　子猫の購入を検討しているユーザーがどのような課題を抱える傾向にあるかは、第2章で解説した市場調査で概ね把握できるでしょう。「猫」に関するキーワードの検索量を調べると、『猫＿トイレ』が多いことがわかります。ほかにも、『猫＿ケージ』や『猫＿おもちゃ』などがあります。プロモーションとしては、検索量の多いキーワードから優先的に動画を制作すると効率的です。

『猫＿かわいい』の検索結果画面（3-4-1）

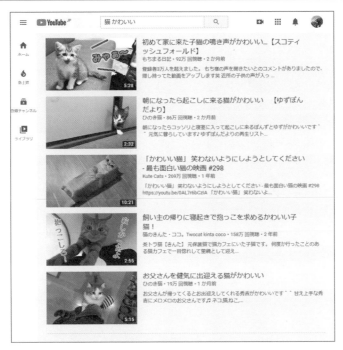

猫好きなユーザーは、猫動画を普段から視聴している可能性が考えられる。動画を視聴する過程で猫の購入を検討し始めるユーザーもいるだろう。彼らに訴求するためには、まずは猫をテーマにすることによって動画を視聴してもらう必要がある。

▶ 企業に関する情報がユーザーに安心感を与える

　「認知目的の動画」によって商品への欲求度を高めた後には、「販売目的の動画」によって商品の必要性を訴求していきます。「販売目的の動画」には、その企業の商品な

らではの特長や良さをアピールする要素が入ります。

　子猫の販売の例で考えてみましょう。「販売目的の動画」としては、子猫の性格や特徴を訴求することが考えられます。落ち着いた性格なのか、遊び好きな性格なのかといった情報は、購入を検討するユーザーに購入を後押しする情報となるでしょう。また、色柄や毛並みなどその子猫ならではの特徴も、「この子猫が欲しい」と思わせる情報となります。親猫と子猫を一緒に紹介する動画もよいかもしれません。親猫の性格や特徴を説明することも、良いコンテンツとなり得るでしょう。

『猫＿初めて飼う』の検索結果画面（3-4-2）

▶ ユーザーが購買をイメージできる動画が必要

　子猫を紹介した後は、具体的な購入方法や費用面などを説明する動画も必要です。購入前の見学方法や受け渡しの流れなど、提供しているサービスを紹介することで、安心して購入できるイメージを持ってもらうようにします。ほかにも、子猫の管理体制、担当者の人柄などの紹介も考えられます。子猫の場合は、購入後に体調を崩した

り、何か異変に気づいて心配になることも考えられます。購入後のアフターフォローなども動画内で説明できれば、その企業から購入したいと思ってもらえる可能性は高まるでしょう。

ユーザーは1つのチャンネルの動画だけを見て購入を判断するわけではありません。Googleの調査結果を紹介しましたが（3-2節）、ユーザーはオンライン検索と動画の両方をチェックしながら商品やサービスの購入を検討します。競合他社の動画を同時に視聴している可能性も十分に考えられます。市場調査から得られた分析結果をもとに競合他社との差別化を行いながら、ユーザーの購入意思を後押しするような動画制作が必要です。

✒ Column｜動画のライフタイムと関連動画の関係性

　動画制作を考えるときに、プロモーション効果が期待できる「期間」について検討することがあります。とくに商品に販売期間があったり、特定の業界で情報が古くなってしまうなどの場合は、動画の公開期間をあらかじめ定めて動画を制作します。

　動画のライフタイムは、その動画の企画や内容によって様々です。新商品の紹介動画では、およそ1年程度は視聴されることが多いです。商品にランク付けをしたり、おすすめの商品を紹介するなど、動画公開からの経過時間に左右されづらい内容の動画であれば、公開から数年経っても視聴され続けることもあります。

　企業が動画のライフタイムを検討する際は、**自分のチャンネル内での関連動画への表示**について留意します。たとえば、2020年1月におすすめ商品の紹介動画を公開し、2020年5月に新商品の紹介動画を公開し、さらに2021年5月に新商品の紹介動画を公開したとします。

　2021年5月に公開した新商品の紹介動画は、公開直後はYouTube検索などから視聴されます。チャンネルの状況によっては、ブラウジング機能（YouTubeのトップページに表示される「あなたへのおすすめ」を中心とする視聴トラフィック）からの視聴を獲得することもあります。このとき2021年5月の動画を視聴するユーザーに対して、2020年1月の動画や2020年5月の動画が関連動画に表示されます。つまり、新しい動画を公開することで、過去の動画が視聴回数を獲得しやすくなるのです。

　情報が古くなったために過去の動画を非公開にすることは仕方のないことですが、新しい動画を公開することで過去の動画が視聴される機会を得ることを知ると、チャンネル設計をするときに動画同士の関連性を検討しやすくなります。

5 視聴ニーズにおける2つの指標（視聴回数と関心度）

- 視聴回数はトラフィックソースで分析を行う
- 認知目的の動画で視聴回数を集め、販売目的の動画で商品購入へつなげる
- 商品に対するユーザーの関心度を複数の動画によって高める

▶ 視聴回数はトラフィックごとに確認する

　YouTube動画プロモーションにおいて、**視聴回数**は効果指標の一つです。視聴回数はその動画が視聴された回数を表しますが、必ずしもYouTubeで視聴されたものとは限りません。企業はYouTubeに動画を投稿すると同時に、その動画を自社のWebサイトにも埋め込むことがよくあります。視聴回数はこうしたWebページで視聴された回数も含むため、視聴回数が多い動画が一概にYouTubeでの人気動画であるとはいえないのです。

　そのため、視聴回数を確認するときは**トラフィックソース**も合わせて確認する必要があります。YouTubeアナリティクスのメニューには、その動画が視聴された経路別に視聴回数を表示する「トラフィックソース」があります。トラフィック（動画の視聴経路）は、**YouTube検索**、**関連動画**、**ブラウジング機能**、**外部**など複数ありますが、YouTube内での視聴を評価するためには、このうち「YouTube検索」「関連動画」「ブラウジング機能」の3つを確認します。

▶ 企業のYouTube活用は長期的に考える

　「認知目的の動画」と「販売目的の動画」では、前者の方がユーザーの視聴動機に合致しているため、視聴を集めやすい傾向があります。基本的にユーザーは「暇をつぶすため」や「情報を得るため」にYouTubeを視聴するので、企業が発信する情報を視聴する動機は強くありません。

　視聴回数の目安は、テーマや内容にもよるため一概にはいえませんが、これからYouTubeを活用する企業では、公開から1か月で数百、数か月で数千程度がベンチマークとなります。YouTubeチャンネルを開設して最初の1、2本の動画は、視聴回数が100回〜300回程度になることが多いです。公開本数を積み上げていくことで、半年ほどで次第に視聴回数が増えるようになります。視聴回数を目標とする場合は、短

期的な計画ではなく、半年から1年など長期的な取り組みと考えて、視聴回数の目標値を定める必要があります。

▶ 視聴回数とキーワードの検索量は比例する

　動画の視聴回数は、キーワードの検索量と概ね比例関係にあります。検索量の多いキーワードに関する動画は視聴回数も多く、検索量の少ないキーワードに関する動画は視聴回数が少なくなります。検索量はユーザーの視聴ニーズが反映された数値なので、母数が多いほど視聴回数は多くなります。

　では、視聴回数が多ければ良いのかというと、必ずしもそうではありません。企業にとって動画は、販売に繋げるためのプロモーション手段の一つです。商品に対して興味関心の高いユーザーからの視聴を、いかに最大化できるかがポイントです。チャンネル設計の段階で、「認知目的の動画」の役割は視聴回数を獲得すること、「販売目的の動画」の役割は興味関心の高いユーザーに訴求して販売へ繋げることというように、あらかじめ認識しておくことが大切です。

視聴回数の獲得を入り口に商品に対するユーザーの興味度を高める（3-5-1）

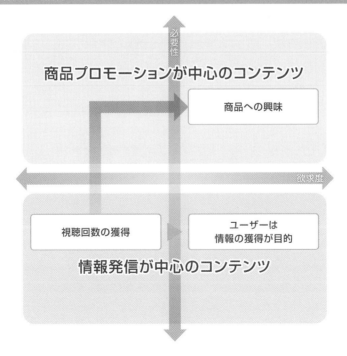

▶ 販売目的の動画は関心度の高いユーザーが視聴する

「認知目的の動画」は、視聴回数を獲得しやすい反面、企業の商品やサービスに対するユーザーの関心度は低いといえます。ただし、YouTubeのアルゴリズムはユーザーの視聴傾向に合わせて表示する動画を判定しているので、全く関心のないユーザーに動画が表示されることはあまりありません。

一方、「販売目的の動画」は、視聴回数は獲得しにくいものの、商品やサービスに対するユーザーの関心度は高いといえます。「販売目的の動画」を視聴するユーザーは、商品やサービスの購入を検討している場合も多いと考えられます。その商品の特長、比較検討中の他の商品との比較、購入や利用までの流れなど、具体的なイメージをつかむために動画を視聴します。

「販売目的の動画」は商談に例えると、クロージングの内容と似ています。問合せからクロージング、契約成立まで件数が絞られていくように、企業の動画においても「認知目的の動画」から「販売目的の動画」へと視聴回数は絞られていきます。しかしその分、ユーザーの関心度は高くなっていきます。

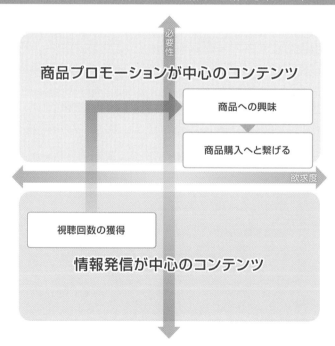

商品への興味度を高めることで購入へと繋げる (3-5-2)

必要性

商品プロモーションが中心のコンテンツ

商品への興味

商品購入へと繋げる

欲求度

視聴回数の獲得

情報発信が中心のコンテンツ

Chapter 3 - 6 4つに分類される動画の役割（YouTube 検索、課題解決、商品訴求、使い方）

- 認知目的の動画は検索量の多いテーマとユーザーの課題解決のテーマに分類する
- 情報収集を目的とするユーザーは検索キーワードが漠然とする傾向にある
- 販売目的の動画は「決定」を視聴動機に持つユーザーを対象とする

▶ チャンネル設計するための4つの分類

ここまで、ユーザーのニーズに沿った「認知目的の動画」と、企業の目的に沿った「販売目的の動画」について説明してきました。本節では、より細かくプロモーションを展開するために、この2つの動画をさらに細分化して見ていきます。

「認知目的の動画」は「検索量の多い動画」と「ユーザーの課題や悩みを解決する動画」に、「販売目的の動画」は「商品・サービスの特徴を訴求する動画」と「商品・サービスの使い方を訴求する動画」に分かれ、合計4つの分類となります。

▶ 「認知目的の動画」はユーザーが見たいものを中心に動画企画を考える

「認知目的の動画」は、「検索量の多い動画」と「ユーザーの課題や悩みを解決する動画」の2つに分類できます。

「検索量の多い動画」とは、視聴ニーズの高いテーマを扱う動画を指します。キーワード調査の結果から得られた分析をもとに、ユーザーにリーチできる幅を拡大させる目的で制作します。商品プロモーションという意味では企業の本来の目的から離れますが、「動画型オウンドメディア」として、企業がYouTubeを活用する上で欠かせない動画です。

「ユーザーの課題や悩みを解決する動画」とは、文字通りユーザーの課題や悩みに答える動画です。1つのトピックに対して様々な角度でキーワード調査を行うことで、ユーザーがどのような悩みや疑問を持つのかが徐々に見えてきます。

▶ ユーザーがどんなキーワードで検索するかを想像する

「認知目的の動画」を制作する上で気をつけておくべきことは、テーマによっては、ユーザーはどんなキーワードで検索をすればよいのかがわかっていないことがあるこ

とです。

　YouTubeはユーザーの視聴動機に関する調査の結果で、「自己啓発を動機に持つ
ユーザーの検索キーワードは漠然としており、その結果漠然とした検索結果が表示さ
れるため、どの動画を視聴すればよいかに課題がある」と報告しています。つまり、こ
れから何かを学ぼうとするユーザーは、どんなキーワードで検索すればよいのかがわ
からないため、キーワードも漠然としてしまうということです。

　また、同調査の中で、「このようなユーザーのうち、26.4％は検索エンジンでもその
トピックについて調べている」と報告しています。つまり、ユーザーはどんなキーワー
ドで検索すればよいのかがわからないため、検索エンジンでそのトピックについて学
習しようとしているということです。

　検索量の多い動画の制作を企画するときは、ユーザーがどのような状態で検索して
るかを想定した上で、取り扱うテーマや伝えるべき内容を明確に決める必要がありま
す。

認知目的の動画はキーワード検索量が多いテーマとユーザーの悩みや課題を解決する動画を中心とする（3-6-1）

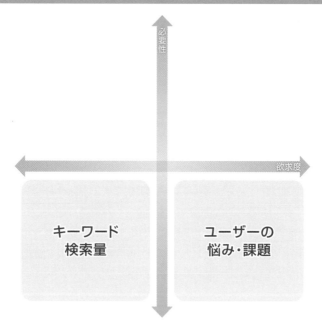

▶ 販売目的の動画は公開日が古いと信頼されづらい

　「販売目的の動画」は、「**商品・サービスの特徴を訴求する動画**」と「**商品・サービスの使い方を訴求する動画**」の2つに分類できます。これらの動画は、企業にとっては「認知目的の動画」よりもイメージが湧きやすく、企画もスムーズに決まることが多いでしょう。

　「商品・サービスの特徴を訴求する動画」とは、商品の特長や優位性などを訴求する動画を指します。内容としては、企業が従来から制作してきた動画と大きな差はありません。この種類の動画を視聴しているユーザーは、商品について関心度が高いといえます。動画の中で「ユーザーの課題や悩みを解決する動画」で取り上げた項目を解説すると、ユーザーの納得感は強まるでしょう。とくに動画の視聴動機が「決定」であるユーザーは、YouTubeの調査にもあるように商品の購入と強い関係があるので、より正確で深い情報を求める傾向があります。

販売目的の動画は商品に関する訴求と使い方を解説する動画を中心とする (3-6-2)

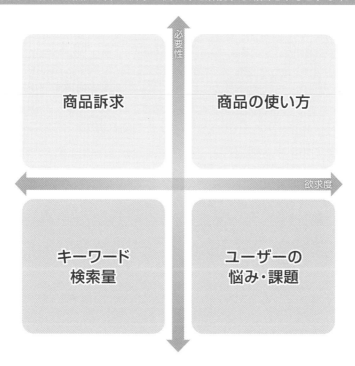

「商品・サービスの使い方を訴求する動画」を視聴するユーザーも同様に、商品への関心度は非常に高いといえます。動画を通じて、使用したり身につけたりするイメージを持ってもらうことで、購買を後押しできる可能性があります。

　なお、購入を決定するために動画を視聴するユーザーは、動画が最新のものであるかを気にする傾向があります。公開日が数年前であれば、ユーザーはその内容に不安を覚えます。販売目的の動画は最新のものであることが大切です。

 Column 　**見せる動画と知る動画について**

　YouTubeに公開されている動画は非常に多岐にわたることから、具体的にどのような動画を作るかを検討する段階で、議論が止まってしまうことがあります。YouTube動画は多くありますが、企業のYouTubeチャンネルにとって、一般投稿者の動画は参考にしにくいことがほとんどです。競合企業のYouTubeチャンネルを見ることもありますが、どの企業も新たな取り組みとして始めることが多いため、参考になる企業YouTubeチャンネルもまだまだ少ないのが現状です。

　動画やチャンネルの調査によって、動画の方向性の大枠が決まったら、次に考えたいのは動画の具体的な中身です。動画の中身を考える際は、**見せる動画**と**知る動画**という2つの形式から検討すると、議論が進めやすくなります。

　「見せる動画」とは、実際に商品を見たいユーザーに向けた動画です。文字や写真では伝えきれない実際の動きや、商品を使っている様子を動画にすることで、よりリアルに商品の良さなどを訴求することができます。メーカー企業の場合は、見せる動画を中心に議論するとよいでしょう。

　「知る動画」とは、ユーザーに知識を提供する動画です。たとえば、保険や金融商品などは、実体となるモノがないため、なかなか動画にはしづらいと感じます。このような場合は、商品に関する知識や情報を提供することを目的とすると、動画の企画を検討しやすくなります。商品について知っておきたいことや、文章では理解しにくいことを動画で解説するとよいでしょう。人から説明を受ければ理解しやすいということは往々にしてあります。

市場調査結果から行う
チャンネル設計の基本

- すでに存在する動画を把握した上で検索キーワードから視聴ニーズを把握する
- 調査から得られた視聴ニーズを認知目的と販売目的の動画へ振り分ける
- 振り分けられた2種類の動画をさらに2種類に分類し動画の役割を明確化する

▶ チャンネル設計とは動画を4種類に分類すること

　第1章にて、市場調査の第1段階で、業界に関連する動画とチャンネルを調査して、視聴ニーズの高いテーマや好まれる表現方法を掴みました。続いて第2段階で、ユーザーの検索キーワードと表示動画数の調査して、ニーズの高い動画のテーマや、競合となる動画の数から制作の優先順位を掴みました。そして本章では、これらの調査結果をもとに、テーマを「認知目的の動画」と「販売目的の動画」の大きく2種類の動画に落とし込みました。

　チャンネル設計は、この「認知目的の動画」と「販売目的の動画」を、さらに4種類に分類していくことをいいます。

▶ 潜在ユーザーにリーチするための「認知目的の動画」の役割

　図の下段は「認知目的の動画」です（図3-7-1）。「認知目的の動画」はさらに、左下の「検索量の多い動画」と、右下の「ユーザーの課題や悩みを解決する動画」に分類できます。

　左下から見ていきます。ターゲットユーザーは、商品やブランドを認知していないが、関連する動画は視聴している層です。この層に向けた動画の役割は、チャンネルの存在を認知してもらうきっかけづくりです。キーワードの検索量が多く視聴ニーズが高いテーマを選んで、リーチできるユーザーの母数を最大化するようにします。

　右下のターゲットユーザーは、商品を欲しいとは思うものの、必要性はそれほど感じていない層です。「あればいいけど、なくてもいい」と思っています。「あればいい」と思っているということは、その商品によって解決したい悩みや課題を抱えていると考えられます。この層に向けた動画の役割は、商品に対する欲求度をさらに高めることです。

右下の分類について、子猫の販売の例で見てみましょう。ターゲットユーザーは、何となく子猫が欲しいと思ってはいるけれど、実際に飼うのは不安があるというユーザーとなります。このようなユーザーに対して、子猫を飼うイメージを想像させる、または抱えている課題を解決するような動画を提供して、商品（子猫）に対する欲求度を高めていきます。ただし「ユーザーの課題解決」は、他の動画投稿者にとっても投稿しやすいテーマです。類似チャンネルが公開している動画の構成を参照しつつ、表示動画数の少ないテーマの動画を優先的に制作するようにします。

各階層の動画としての役割（3-7-1）

必要性

顕在顧客層向け
商品訴求
×
競合企業比較

明確顧客層向け
商品の使い方
×
広告映像

販売目的の動画

欲求度

潜在顧客層向け
キーワード検索量
×
高い視聴ニーズ

準顕在顧客層向け
ユーザーの悩み・課題
×
少ない表示動画数

認知目的の動画

▶ ユーザーに商品を訴求する「販売目的の動画」の役割

　図の上段は「販売目的の動画」です（図3-7-1）。「販売目的の動画」はさらに、左上の「商品・サービスの特徴を訴求する動画」と、右上の「商品・サービスの使い方を訴求する動画」に分類できます。

　左上の動画は、なぜその商品でなければならないかを訴求するための動画です。ユーザーの課題を解決しただけでは、商品プロモーションには到達できません。企業

にとっては、開発時に詰め込んだ技術や、商品が誕生した背景など、広告では伝えきれない情報を伝えられるのがYouTube動画のメリットです。商品の特長や訴求点に関するキーワードを中心に競合企業の動画を検討し、競合企業が訴求する内容と差別化することで、その商品でなければならない理由をユーザーに伝えます。

　右上の動画は、ユーザーに商品を使用しているイメージを持ってもらうための動画です。自社商品の便利な使い方など、ユーザーにとってのメリットを訴求します。このような動画は、多くの企業がすでに制作しているでしょう。広告映像と商品紹介の動画をセットで制作することはよくあることです。すでに制作した動画がある場合は、それを活用するとよいでしょう。

Column　動画の適切な長さ

　企業のYouTubeの活用においては、動画の長さもよく話題になります。短い方が最後まで見られるという意見もあれば、しっかり説明するために長いほうが良いという意見もあります。

　企業のチャンネルで公開される動画は、YouTubeクリエイターのものとは違い、エンタテインメントを目的とするケースはあまりありません。基本的には商品の情報を発信することで、販促を期待する動画であることがほとんどです。

　このとき、動画が短ければ、情報量も限られます。最後まで見られることを重視するあまり、Webサイトに掲載している程度の情報を伝えるだけでは、動画を制作する理由は薄れてしまいます。一方、動画が長すぎても、ユーザーから最後まで視聴されず、YouTubeアルゴリズムから「最後まで視聴されづらい動画」という評価を受けてしまう可能性が高まります。

　企業のYouTube動画の場合、商品の紹介であっても知識の解説であっても、動画長さは6〜15分を目安とするとよいでしょう。6分あれば、商品や知識などの情報をしっかりと説明することができます。10分あれば、おすすめ商品や知って欲しい知識を3つ紹介しても、各項目に3分あるため十分説明できるでしょう。

　ただし気をつけることは、1つの動画にいろいろな情報を詰め込みすぎないことです。ユーザーは、1つのテーマについての動画だと思って視聴しています。動画の中に関連性の低い別の話題などが入ると、ユーザーは見たい部分は終了したと判断して、離脱してしまいます。途中の離脱が多い動画は、YouTubeアルゴリズムからの評価が下がる原因になります。1つの動画は、基本的には1つのテーマを扱うことをおすすめします。

YouTube検索用動画の設計方法

- 企業やブランドを認知していない層には検索量の多いキーワードでアプローチ
- 動画投稿者に視聴回数が依存するテーマは企業の動画プロモーションに向かない
- 企業の動画プロモーションは情報を中心に動画を検討する必要がある

▶ 企業・ブランドチャンネルの存在認知が目的

　ここでは「認知目的の動画」のうち「検索量の多い動画」(図3-7-1の左下の分類)について見ていきます。

　企業が動画プロモーションを行うにあたって、まずリーチすべきなのは企業・ブランド、商品・サービスをまだ認知していないユーザー層です。商品動画の自発的な視聴は期待できませんが、彼らにとって魅力的な情報が含まれている動画であれば、視聴される確率は高まります。彼らの検索キーワードの傾向を調査し、求める動画の方向性を分析します。企業の商品・サービスと関連があり、かつリーチできるユーザー範囲が広いテーマを選定していきます。

▶ チャンネル設計の具体的な検討方法

　例として「家具」を取り扱う企業を考えてみましょう。まずは、YouTubeで『家具』と検索し、表示される動画を調べます。検索上位には「家具を購入した」「部屋の作り方」「ルームツアー」などの動画が表示されます。「部屋の作り方」は視聴ニーズの「情報」に含まれそうですが、そのほかの内容は動画によってさまざまだと考えられます。

　動画の投稿者を見ると、YouTubeクリエイターの割合が高く、さらに登録者の多いチャンネルの動画ほど、視聴回数を多く獲得している傾向があります。このような傾向のある動画は、視聴回数が出演者に依存しているため、企業の動画プロモーションには向かないことが多いです。

▶ 企業とYouTubeクリエイターの動画の違い

　個人の動画の場合、ユーザーは動画に出演する個人を見るために視聴します。そのため、視聴回数を獲得するには、出演者個人がユーザーにファンになってもらう必要があります。一方、企業の場合は、動画に出演するのは特定の個人ではありません。

そのため、視聴回数を獲得するには、情報が重要です。企業の動画は、個人に依存する内容ではなく、情報に依存する内容の方が相性がよいことが多いのです。

「情報」を中心とした動画の場合、出演者は専門家である必要がありますが、企業は人選に困ることはないでしょう。研究開発、商品企画、デザインなど企業には様々な専門家が在籍しています。「情報」をテーマに専門家が出演する動画が、企業と相性が良いのはそのためです。

『家具』の検索結果画面（3-8-1）

YouTubeクリエイターは出演者を視聴したいユーザーを中心に視聴回数を集める傾向にある。企業の場合は個人に依存する視聴目的ではなく、情報を中心とすることで専門性を出した方が良い。

▶ 『家具』よりも『インテリア』が多く検索されている

「家具」についてユーザーがどのような検索を行っているのかをKeyword Toolを使って調べていきます (図3-8-2)。『家具』の月間検索量は平均127,000件で、8月〜9月と1月〜2月にかけて多くなり、3月が最も多くなります。

『家具』とともに検索されているキーワードは、『インテリア』が最も多く、そのほか『買取』『アウトレット』『通販』『安い』など購入に関するものが上位に入っています。『処分』『配送』『転倒防止』といった具体的なキーワードもあります。

| 『家具』を含むキーワード検索量 (3-8-2) |

● 2019年4月〜2019年9月

キーワード	平均検索量	2019年4月	2019年5月	2019年6月	2019年7月	2019年8月	2019年9月
家具	127,000	127,000	104,000	127,000	127,000	155,000	155,000
家具 インテリア	104,000	155,000	127,000	127,000	127,000	56,900	85,200
家具屋	38,100	38,100	38,100	31,200	38,100	46,600	46,600
家具 買取	25,500	13,900	13,900	13,900	17,000	20,900	25,500
家具 アウトレット	17,000	17,000	13,900	13,900	17,000	17,000	17,000
家具 通販	17,000	25,500	17,000	20,900	17,000	17,000	17,000
家具 安い	11,400	9,300	7,600	7,600	7,600	7,600	7,600
家具 レンタル	11,400	7,600	9,300	20,900	13,900	11,400	17,000
家具 おしゃれ	6,200	5,100	4,100	4,100	6,200	9,300	13,900
家具 処分	5,100	2,300	2,300	2,700	5,100	4,100	3,400
家具 英語	4,100	4,100	4,100	4,100	4,100	3,400	4,100
家具 配送	3,400	1,800	1,800	5,100	2,700	2,300	6,200
家具 転倒防止	3,400	2,700	4,100	3,400	2,700	2,700	2,700
家具 移動	2,700	2,300	2,300	2,300	2,300	2,300	2,300
家具 職人	2,700	2,700	2,700	2,700	2,700	2,700	2,700

「家具」を含む検索は、検索量が時期によって異なる傾向が見られる。通年検索されるキーワードと、時期によって検索量が変動しやすいキーワードがあるため注意が必要である。

● 2019年10月～2020年3月

キーワード	2019年10月	2019年11月	2019年12月	2020年1月	2020年2月	2020年3月
家具	127,000	127,000	127,000	155,000	155,000	189,000
家具 インテリア	69,600	104,000	85,200	85,200	85,200	127,000
家具屋	31,200	31,200	31,200	38,100	38,100	46,600
家具 買取	31,200	38,100	46,600	25,500	25,500	38,100
家具 アウトレット	13,900	17,000	17,000	20,900	17,000	20,900
家具 通販	13,900	13,900	13,900	20,900	17,000	20,900
家具 安い	17,000	7,600	7,600	25,500	13,900	11,400
家具 レンタル	13,900	11,400	9,300	11,400	9,300	11,400
家具 おしゃれ	9,300	5,100	5,100	6,200	6,200	7,600
家具 処分	3,400	9,300	9,300	6,200	7,600	9,300
家具 英語	5,100	4,100	4,100	4,100	4,100	5,100
家具 配送	7,600	2,300	1,800	2,300	2,300	3,400
家具 転倒防止	2,700	2,300	4,100	3,400	2,700	4,100
家具 移動	2,300	2,300	2,300	6,200	2,700	2,300
家具 職人	2,300	2,700	2,700	3,400	3,400	3,400

　今度は、『家具』とともに多く検索されている『インテリア』の検索量を調べてみます（図3-8-3）。『家具』の127,000件に対して、『インテリア』は201,000件あります。ともに検索されているキーワードでは、『メンズ』『照明』『雑貨』『おしゃれ』などは注目すべきです。「インテリア」をテーマに「照明」や「雑貨」に焦点を当てた動画などが、「認知目的の動画」のうちの「検索量の多い動画」として考えらます。

● 2019 年 4 月 ～ 2019 年 9 月

キーワード	平均検索量	2019年4月	2019年5月	2019年6月	2019年7月	2019年8月	2019年9月
インテリア	201,000	201,000	201,000	201,000	201,000	201,000	201,000
インテリア コーディネーター	74,000	60,500	60,500	60,500	74,000	74,000	60,500
インテリア コーディネート	74,000	60,500	60,500	60,500	74,000	74,000	60,500
インテリアブログ	40,500	40,500	40,500	40,500	40,500	40,500	40,500
インテリア 家具	40,500	33,100	33,100	33,100	33,100	40,500	40,500
インテリア セール	27,100	12,100	14,800	33,100	40,500	40,500	22,200
インテリア メンズ	18,100	18,100	18,100	18,100	18,100	22,200	18,100
インテリア 照明	18,100	14,800	14,800	18,100	14,800	18,100	18,100
インテリア雑貨	18,100	14,800	14,800	14,800	14,800	14,800	14,800
インテリア おしゃれ	12,100	14,800	9,900	12,100	12,100	12,100	12,100
インテリアショップ	9,900	9,900	9,900	8,100	9,900	9,900	12,100
インテリア 装飾	9,900	12,100	12,100	12,100	12,100	5,400	8,100
インテリアデザイナー	8,100	8,100	8,100	8,100	8,100	6,600	8,100
インテリア リビング	5,400	5,400	5,400	5,400	5,400	5,400	5,400
インテリアコーディネーター 資格	5,400	4,400	4,400	5,400	5,400	5,400	5,400
インテリア 一人暮らし	5,400	3,600	3,600	3,600	4,400	4,400	5,400
1 ldk インテリア	4,400	2,400	2,900	3,600	2,900	3,600	3,600
インテリア 北欧	4,400	3,600	3,600	3,600	2,900	3,600	4,400

● 2019 年 10 月 ～ 2020 年 3 月

キーワード	2019年10月	2019年11月	2019年12月	2020年1月	2020年2月	2020年3月
インテリア	201,000	201,000	201,000	246,000	201,000	246,000
インテリア コーディネーター	110,000	74,000	60,500	74,000	60,500	60,500
インテリア コーディネート	110,000	74,000	60,500	74,000	60,500	60,500
インテリアブログ	49,500	40,500	40,500	49,500	40,500	49,500
インテリア 家具	33,100	40,500	40,500	49,500	40,500	40,500
インテリア セール	14,800	18,100	40,500	60,500	33,100	27,100
インテリア メンズ	14,800	18,100	18,100	18,100	14,800	18,100
インテリア 照明	18,100	18,100	18,100	22,200	18,100	22,200
インテリア雑貨	14,800	14,800	14,800	22,200	22,200	22,200
インテリア おしゃれ	12,100	12,100	12,100	14,800	14,800	18,100
インテリアショップ	9,900	9,900	9,900	12,100	12,100	12,100
インテリア 装飾	6,600	9,900	8,100	9,900	8,100	9,900
インテリアデザイナー	8,100	8,100	6,600	8,100	8,100	8,100
インテリア リビング	5,400	5,400	4,400	5,400	5,400	5,400
インテリアコーディネーター 資格	5,400	4,400	4,400	5,400	5,400	5,400
インテリア 一人暮らし	5,400	4,400	5,400	8,100	6,600	8,100
1 ldk インテリア	4,400	3,600	3,600	4,400	8,100	5,400
インテリア 北欧	3,600	3,600	4,400	5,400	4,400	5,400

『インテリア』とともに『リビング』や『一人暮らし』も検索されていることがわかります。「家具」を中心とする検索の場合、「部屋」との組み合わせで検索をしていることが考えられます。

動画の企画を具体的に検討するために、『リビング』というキーワードを調査します。『収納』『照明』『インテリア』『レイアウト』『おしゃれ』といったキーワードが多く検索されていることがわかります。

動画企画の切り口はいくつかの候補の中から選ぶ方が良いため、『リビング』のほかに『一人暮らし』の検索量についても調査します。『料理』『食費』『インテリア』『部屋』が検索されており、家具の中では『ソファー』が多く検索されていることがわかります。

『一人暮らし』から連想する言葉として『ワンルーム』が考えられます。『ワンルーム』の検索量では、『レイアウト』や『インテリア』といった言葉が検索される傾向にあります。

ここまで『リビング』『一人暮らし』『ワンルーム』のキーワードを調査してきました。各キーワードに共通して『インテリア』が多く検索されていることがわかりました。

『リビング』を含むキーワード検索量（3-8-4）

● 2019年4月～2019年9月

キーワード	平均検索量	2019年4月	2019年5月	2019年6月	2019年7月	2019年8月	2019年9月
リビング	56,900	46,600	46,600	56,900	69,600	56,900	56,900
リビング 収納	31,200	25,500	25,500	25,500	25,500	31,200	31,200
リビング テーブル	25,500	25,500	25,500	25,500	31,200	25,500	31,200
リビング 照明	20,900	20,900	20,900	20,900	20,900	20,900	25,500
リビング インテリア	17,000	17,000	17,000	17,000	17,000	17,000	20,900
リビング レイアウト	13,900	13,900	11,400	11,400	17,000	13,900	13,900
リビング おしゃれ	11,400	9,300	11,400	11,400	11,400	13,900	11,400
リビング 棚	11,400	6,200	5,100	6,200	6,200	9,300	25,500
リビング ソファー	7,600	7,600	6,200	7,600	7,600	7,600	9,300

複数のキーワードを調査すると、共通するキーワードを含むことがある。事例として挙げている家具関連だけでなく、他のキーワードでもよく見られる。「おすすめ」「紹介」「選び方」などは、どのようなキーワードを調査しても、比較的共通して見られる言葉である。キーワードを調査するときは、共通してどんな言葉が検索されているかを知ることで、新たな動画企画の切り口になることがある。

● 2019年10月～2020年3月

キーワード	2019年10月	2019年11月	2019年12月	2020年1月	2020年2月	2020年3月
リビング	56,900	85,200	56,900	56,900	56,900	56,900
リビング収納	31,200	31,200	38,100	38,100	31,200	38,100
リビング テーブル	25,500	25,500	25,500	31,200	31,200	31,200
リビング 照明	20,900	25,500	20,900	25,500	20,900	25,500
リビング インテリア	17,000	17,000	17,000	20,900	17,000	20,900
リビング レイアウト	13,900	13,900	13,900	13,900	25,500	17,000
リビング おしゃれ	11,400	11,400	11,400	13,900	13,900	13,900
リビング 棚	25,500	17,000	6,200	9,300	20,900	11,400
リビング ソファー	7,600	7,600	7,600	7,600	7,600	9,300

● 2019年4月～2019年9月

キーワード	平均検索量	2019年4月	2019年5月	2019年6月	2019年7月	2019年8月	2019年9月
一人暮らし	155,000	127,000	104,000	104,000	104,000	127,000	127,000
一人暮らし 料理	20,900	20,900	17,000	13,900	13,900	17,000	17,000
一人暮らし 食費	20,900	25,500	25,500	20,900	17,000	17,000	17,000
一人暮らし インテリア	20,900	20,900	17,000	17,000	13,900	17,000	20,900
一人暮らし 部屋	20,900	17,000	17,000	17,000	17,000	20,900	20,900
一人暮らし 家電	13,900	11,400	11,400	11,400	9,300	9,300	11,400
一人暮らし 冷蔵庫	13,900	11,400	11,400	11,400	11,400	13,900	13,900
一人暮らし ソファー	9,300	7,600	7,600	7,600	7,600	9,300	9,300
一人暮らし 生活費	9,300	7,600	9,300	9,300	7,600	7,600	9,300
一人暮らし ソファ	9,300	7,600	7,600	7,600	7,600	9,300	9,300
一人暮らし 光熱費	9,300	9,300	9,300	7,600	7,600	6,200	7,600
一人暮らし レイアウト	7,600	6,200	6,200	6,200	6,200	6,200	6,200
一人暮らし 洗濯機	7,600	5,100	5,100	6,200	6,200	6,200	7,600
一人暮らし 家具	7,600	5,100	5,100	6,200	6,200	6,200	6,200
一人暮らし 寂しい	5,100	9,300	6,200	5,100	4,100	5,100	5,100

キーワードの検索量を調査するときは、自分が考えつく関連するキーワードを順に調べていくとよい。ユーザーが検索するキーワードを見るときは、細かな数値を深追いするのではなく、各キーワードの共通項や時期による変化などを見た方がよい。

● 2019 年 10 月〜 2020 年 3 月

キーワード	2019年10月	2019年11月	2019年12月	2020年1月	2020年2月	2020年3月
一人暮らし	127,000	155,000	155,000	189,000	189,000	283,000
一人暮らし 料理	17,000	17,000	17,000	20,900	20,900	31,200
一人暮らし 食費	17,000	17,000	17,000	20,900	20,900	25,500
一人暮らし インテリア	20,900	17,000	13,900	25,500	20,900	20,900
一人暮らし 部屋	20,900	20,900	20,900	31,200	25,500	38,100
一人暮らし 家電	9,300	9,300	11,400	20,900	20,900	25,500
一人暮らし 冷蔵庫	11,400	11,400	11,400	17,000	17,000	25,500
一人暮らし ソファー	9,300	7,600	7,600	9,300	11,400	13,900
一人暮らし 生活費	7,600	7,600	9,300	20,900	9,300	11,400
一人暮らし ソファ	9,300	7,600	7,600	9,300	11,400	13,900
一人暮らし 光熱費	7,600	7,600	7,600	11,400	13,900	17,000
一人暮らし レイアウト	6,200	6,200	6,200	9,300	9,300	11,400
一人暮らし 洗濯機	6,200	6,200	6,200	9,300	9,300	13,900
一人暮らし 家具	6,200	6,200	7,600	9,300	11,400	11,400
一人暮らし 寂しい	4,100	4,100	3,400	5,100	4,100	9,300

『ワンルーム』を含むキーワード検索量 (3-8-6)

● 2019 年 4 月〜 2019 年 9 月

キーワード	平均検索量	2019年4月	2019年5月	2019年6月	2019年7月	2019年8月	2019年9月
ワンルーム	20,900	17,000	17,000	17,000	17,000	20,900	20,900
ワンルーム レイアウト	13,900	17,000	11,400	7,600	11,400	13,900	11,400
ワンルーム インテリア	9,300	6,200	9,300	9,300	9,300	7,600	11,400
ワンルーム マンション	5,100	4,100	4,100	4,100	4,100	4,100	5,100
ワンルーム マンション 投資	2,700	2,300	2,300	2,700	2,300	2,300	2,300
ワンルーム おしゃれ	2,300	2,300	2,300	2,300	2,300	2,300	2,700
ワンルーム 間取り	1,800	1,500	1,500	1,500	1,500	1,500	1,500
ワンルーム 仕切り	1,800	1,500	1,500	1,500	1,200	1,500	1,500

● 2019 年 10 月〜 2020 年 3 月

キーワード	2019年10月	2019年11月	2019年12月	2020年1月	2020年2月	2020年3月
ワンルーム	20,900	17,000	20,900	31,200	25,500	31,200
ワンルーム レイアウト	9,300	9,300	13,900	13,900	17,000	20,900
ワンルーム インテリア	11,400	9,300	7,600	13,900	11,400	11,400
ワンルーム マンション	5,100	5,100	5,100	7,600	6,200	7,600
ワンルーム マンション 投資	2,300	2,700	2,700	4,100	3,400	2,700
ワンルーム おしゃれ	2,700	2,700	2,300	2,300	2,300	3,400
ワンルーム 間取り	1,800	1,800	1,500	2,300	2,300	2,300
ワンルーム 仕切り	1,500	1,500	1,800	2,300	2,300	2,700

▶ 「新生活」の検索では500万本以上の動画が表示される

　『家具』の検索量が最も多い3月は、新生活の始まりの時期です。そこで『新生活』というキーワードの検索量を調べると、平均は6,200件、最多の3月でも20,900件程度です。ところが、『新生活』というキーワードで表示される動画の数を調べると、526万本もあります。『新生活』は、表示される動画の数は『家具』に対して14倍以上になりますが、検索量は4%程度ということになります。より多くのユーザーからの視聴を集めるためには、『新生活』というキーワードは向かないことがわかります。

『新生活』と『家具』の表示動画数比較（3-8-7）

● 2019年4月〜2019年8月

キーワード	表示動画数	平均検索量	2019年4月	2019年5月	2019年6月	2019年7月	2019年8月
新生活	5,260,000	6,200	9,300	3,400	2,700	2,300	2,700
家具	370,000	127,000	127,000	104,000	127,000	127,000	155,000

● 2019年9月〜2020年3月

キーワード	2019年9月	2019年10月	2019年11月	2019年12月	2020年1月	2020年2月	2020年3月
新生活	2,700	2,700	3,400	4,100	9,300	13,900	20,900
家具	155,000	127,000	127,000	127,000	155,000	155,000	189,000

　動画のタイトルなどでよく見るキーワードが、実は検索量としては少ないことがある。キーワードのイメージから検索量が多いと思い込むのではなく、実際に検索量を調査して数値として把握する方がよい。

　この調査結果から、家具に興味があるユーザーは、『家具』とは検索せず、まずは『インテリア』と検索する傾向があることがわかります。「どんな家具を買おうか」ではなく「どんなインテリアにしようか」という疑問がまず浮かび、理想とするインテリアを実現する家具を探すといった流れが想定されます。一方、『家具』で検索するユーザーは、『買取』『アウトレット』『安い』など、より具体的なキーワードで検索しています。

　家具を販売する企業の場合は、「インテリア」を動画のテーマにすることで、より広いユーザーにリーチできると考えられます。

Chapter 3 9 消費者の課題解決用動画の設計方法

- ユーザーの視聴目的は明確であることが高い
- 情報源の信頼性もユーザーにとって重要
- 家具メーカーが解説する「レイアウト」は動画企画として良い

▶ 手順の動画を視聴するユーザーは目的が明確である

ここでは「認知目的の動画」のうち「ユーザーの課題や悩みを解決する動画」(図3-7-1の右下の分類)について見ていきます。

ユーザーは、何か疑問や課題を持ったときにも、YouTube動画で情報収集をしようとします。こうしたユーザーは、前節の「認知目的の動画」のうちの「検索量の多い動画」を視聴するユーザーよりも、明確な目的があります。YouTubeの調査によると、「自己啓発」の動画を視聴するユーザーの58.6%、「手順」の動画を視聴するユーザーの69.5%が、明確な目的を持っています。

知りたいことが明確であっても、検索の結果、膨大な数の動画が表示されるので、ユーザーは「どの情報が適切であるかがわからない」という状態に陥ります。そのため、33.5%のユーザーが、YouTubeを視聴しながら検索エンジンでも検索を行い、動画内で提供される情報についてチェックをしています。

また、ユーザーは情報源の信頼性にも気にかける傾向があります。YouTube上に公開されている動画の多くは、個人が投稿したものです。ユーザーの疑問や課題をテーマとした動画は、専門家が数多い企業にとって着手しやすく、ユーザーの信頼も獲得しやすいといえます。

▶ 「家具」の動画をみるユーザーは「レイアウト」に興味がある

前節に続き、「家具」の事例で見ていきましょう。調査の結果、「検索量の多い動画」のテーマは「インテリア」がよいことがわかりました。インテリアの動画を視聴するユーザーの多くは、漠然と部屋の雰囲気を変えたり、模様替えをする人と考えられます。一方、家具に対して関心が高いユーザーは、これから引っ越しをする人や、初めて一人暮らしをする人などが考えられます。

家具を販売する企業の動画プロモーションとして、これから引っ越しするという

ユーザーは顧客になりにくいかもしれません。引っ越しを機に家具を買い換えることはあっても、家具を一新することはあまりないと考えられるからです。家具の配置についても、引っ越し前と同じようにすることが想定されます。引っ越しするユーザーは、家具について課題や悩みを抱えているとは考えづらいといえます。

▶ 「一人暮らし」は「レイアウト」と一緒に検索される

　一方、初めて一人暮らしをする人は、家具の購入を検討しており、悩みや課題を抱えている可能性が高いと考えられます。「検索量の多い動画」の調査では、『インテリア』のほかに『レイアウト』という検索が多く見られました。一人暮らしを始めるユーザーは、漠然とした部屋のインテリアではなく、具体的にレイアウトをどうすればよいかについて悩んでいる可能性があります。

　そこで、家具に関する検索で、『レイアウト』というキーワードが検索されているかを見てみます。すると、『家具␣配置』が月平均2,300件の検索量があります。『家具␣レイアウト』は月平均830件で、ニーズはそれほど高くないようです。

　今度は、「一人暮らし」について調べてみます。『一人暮らし␣レイアウト』の検索量は7,600件で、『家具』よりも多いことがわかります。「一人暮らし」は「家具」よりも限定されたテーマであり、かつ検索量が多いことから、さらに一人暮らしにおける状況を限定した『ワンルーム』というキーワードを調査してみます。すると、『ワンルーム␣レイアウト』が月平均13,900件、『ワンルーム␣インテリア』が9,300件の検索量となっています。『ワンルーム』で検索するユーザーは、インテリアよりもレイアウトに関する動画を視聴する傾向があることがわかります。

『レイアウト』に関するキーワード検索量（3-9-1）

● 2019年4月〜2019年9月

キーワード	平均検索量	2019年4月	2019年5月	2019年6月	2019年7月	2019年8月	2019年9月
家具 配置	2,300	2,300	2,300	2,300	1,800	2,300	2,700
家具 レイアウト	830	680	680	680	830	830	830
一人暮らし レイアウト	7,600	6,200	6,200	6,200	6,200	6,200	6,200
ワンルーム レイアウト	13,900	17,000	11,400	7,600	11,400	13,900	11,400
ワンルーム インテリア	9,300	6,200	9,300	9,300	9,300	7,600	11,400

● 2019 年 10 月～ 2020 年 3 月

キーワード	2019年10月	2019年11月	2019年12月	2020年1月	2020年2月	2020年3月
家具 配置	2,300	2,300	2,700	2,700	2,700	3,400
家具 レイアウト	830	680	830	940	940	1,200
一人暮らし レイアウト	6,200	6,200	6,200	9,300	9,300	11,400
ワンルーム レイアウト	9,300	9,300	13,900	13,900	17,000	20,900
ワンルーム インテリア	11,400	9,300	7,600	13,900	11,400	11,400

▶ 「部屋」に関する動画は 100 万本を超える

家具に関連するキーワードを広く見ると、「部屋」も検索されている可能性が考えられます。そこで『部屋』と検索すると、『部屋＿紹介』が月平均104,000件の検索量があります。もっとも、このキーワードでは135万本という膨大な量の動画が表示され、その多くは3-8節で述べたように、YouTubeクリエイターによるものと考えられます。

『部屋＿レイアウト』は、『部屋＿おしゃれ』に次いで、月平均25,500件の検索量があります。しかし、表示される動画数は、『部屋＿おしゃれ』の805,000本に対して、319,000本と少なくなっています。このことから、「おしゃれ」よりも「レイアウト」を中心とした動画の方が、ユーザーにリーチできる可能性が高いと考えられます。

『部屋』に関するキーワード検索量 (3-9-2)

● 2019 年 4 月～ 2019 年 8 月

キーワード	表示動画数	平均検索量	2019年4月	2019年5月	2019年6月	2019年7月	2019年8月
部屋	5,910,000	46,600	31,200	38,100	38,100	46,600	46,600
部屋 紹介	1,350,000	104,000	46,600	46,600	69,600	85,200	104,000
お部屋紹介	361,000	85,200	46,600	46,600	69,600	85,200	104,000
部屋 おしゃれ	805,000	31,200	17,000	13,900	17,000	20,900	20,900
部屋着	503,000	25,500	25,500	25,500	20,900	20,900	20,900
部屋 レイアウト	319,000	25,500	25,500	20,900	17,000	20,900	20,900
部屋の片付け	227,000	20,900	17,000	13,900	11,400	17,000	20,900
部屋 片付け	227,000	13,900	9,300	11,400	11,400	11,400	13,900

動画として作りやすいキーワードは、表示動画数が多くなる傾向がある。これからYouTubeを始める企業は、競合の多いキーワードは慎重に選んだ方がよい。

● 2019年9月〜2020年3月

キーワード	2019年9月	2019年10月	2019年11月	2019年12月	2020年1月	2020年2月	2020年3月
部屋	46,600	46,600	56,900	56,900	69,600	69,600	69,600
部屋 紹介	104,000	127,000	104,000	104,000	104,000	127,000	155,000
お部屋紹介	104,000	104,000	104,000	104,000	85,200	69,600	104,000
部屋 おしゃれ	25,500	31,200	46,600	25,500	46,600	38,100	38,100
部屋着	20,900	31,200	31,200	31,200	31,200	25,500	38,100
部屋 レイアウト	20,900	20,900	17,000	20,900	25,500	31,200	38,100
部屋の片付け	20,900	17,000	17,000	25,500	17,000	20,900	38,100
部屋 片付け	13,900	11,400	11,400	13,900	13,900	13,900	17,000

一つの検索キーワードで動画企画を検討するのではなく、複数のキーワードを組み合わせて検討するとよい。複数の検索キーワードで検索対策を実施して、その中から平均再生率や総再生時間数の良いキーワードを知ることは、マーケティングにもなる。

　以上の調査から、「家具」に興味をもつユーザーの視聴ニーズの高いテーマの一つとして、「レイアウト」が考えられます。とくに『ワンルーム␣レイアウト』と『部屋␣レイアウト』は、同程度の検索量を持つ他のキーワードと比較して、表示される動画数が少ないことから、ユーザーにリーチしやすいテーマだと考えられます。

　家具のレイアウトを大きなテーマとし、「部屋」の中へのレイアウト方法や、「一人暮らし」や「ワンルーム」などで検索するユーザーの状況に合わせたレイアウト方法などが、動画の内容として考えられます。動画の本数が充実してきたら、「おしゃれ」など雰囲気をテーマとしたり、「子供部屋」「寝室」など部屋の種類別に制作することも考えられます。『子供部屋』では、『子供部屋␣レイアウト』と『寝室␣レイアウト』の検索量がともに3番目に多く、表示される動画の数も少ないことから、動画プロモーションの序盤に着手するとよいでしょう。

Chapter 3

10 商品訴求用動画の設計方法

- 商品を訴求する動画は使用によってユーザーが得られる利便性をテーマとする
- ユーザーの私生活に焦点を当てた動画のテーマが重要である
- 特定の商品を利用した場合の利便性などユーザーの使用イメージを具体化する

▶ ユーザーは商品特徴から得られる利便性を求める

ここでは「販売目的の動画」のうち「商品・サービスの特徴を訴求する動画」(図3-7-1の左上の分類)について見ていきます。

ここまで、企業やブランドをまだ認知していない潜在層に向けた動画プロモーション手法を見てきました。こうした層にYouTubeチャンネルを認知してもらったら、今度は商品の販売に繋げるための動画を視聴してもらう必要があります。

単に商品の特長を訴求したプロモーション動画を制作しても、ユーザーの興味を惹くことは困難です。よほど興味のあるユーザーは別として、漠然と購入を検討しているようなユーザーにとって、商品プロモーション動画はそれほど興味が湧くものではありません。ユーザーは商品そのものよりも、その商品がどのような利便性をもたらすかに興味があるからです。商品の特徴をユーザーのニーズに落とし込み、どのような内容の動画を制作するかが重要となります。

▶ ユーザー中心から企業中心へ訴求軸を移動させる

個人向けであっても、企業向けであっても、商品やサービスにはそれを利用するユーザーが存在します。利用者であるユーザーに利便性を訴求するためには、ユーザーの利用を中心としたテーマが必要です。その商品を利用することでどのようなメリットがあるのか、生活がどのように便利になるのかといったことを、商品の機能や特長などとともに訴求する必要があります。

3-9節の「ユーザーの課題や悩みを解決する動画」は、ユーザーを中心に内容を考えました。「商品・サービスの特徴を訴求する動画」では、ユーザー中心から企業中心に軸を移動させます。課題解決の方法を提供する動画から、課題解決の手段となる商品を訴求することで具体性を持たせ、商品の購入に繋げるようにします。

▶ ユーザーの購買意欲を高めるのは信頼できる確かな深い情報

　3-9節で、家具を取り扱う企業の動画プロモーションでは、「家具」を検索するユーザーの課題に「レイアウト」があり、また「一人暮らし」や「ワンルーム」がともに検索されていることから、これから一人暮らしを始めるユーザーがターゲットに想定されると説明しました。

　ユーザーの中で「レイアウト」が解決したら、次に課題になるのは「何が必要になるか」です。「一人暮らし」というキーワードには、『一人暮らし＿家電』『一人暮らし＿冷蔵庫』など、生活に必要不可欠なキーワードが数多く含まれています。これから一人暮らしを始めるユーザーが検索している可能性が高いと考えられます。

　「一人暮らし」というキーワードに限定すると、「家具」と関連するもので検索量が多いものに「ソファー」があります。『一人暮らし＿ソファー』の月平均検索量は9,300件で、最も検索量の多い3月では13,900件あります。ソファーには大きさやデザインが様々あり、一人暮らしを始めるユーザーに情報ニーズがあると考えられます。さらに、課題となる傾向にある「レイアウト」を合わせると、サイズを中心にレイアウト方法や選び方などの内容で、ソファーという商品を訴求することが考えられます。

『一人暮らし＿ソファー』のキーワード検索量の変化（3-10-1）

● 2019年4月〜2019年9月

キーワード	平均検索量	2019年4月	2019年5月	2019年6月	2019年7月	2019年8月	2019年9月
一人暮らし ソファー	9,300	7,600	7,600	7,600	7,600	9,300	9,300

● 2019年10月〜2020年3月

キーワード	2019年10月	2019年11月	2019年12月	2020年1月	2020年2月	2020年3月
一人暮らし ソファー	9,300	7,600	7,600	9,300	11,400	13,900

　YouTubeは視聴動機に関する調査の中で、「決定」のための視聴のほとんどは商品購入に結びつきがあり、35.8%のユーザーがYouTubeの視聴に検索エンジンを併用していたことから、ユーザーは「正しく、より深い情報を購入決定のために得ようとする」と報告しています。

　ユーザーはレビュー動画も参考にしますが、レビュー動画は使用感など個人の感想であり、高額商品や頻繁に買い換えない商品の場合、それらのみを購入の判断材料とはしにくいでしょう。「商品・サービスの特徴を訴求する動画」では、自社商品の良さ

やユーザーにとっての利便性について、企業の専門家が解説することで、情報の信頼性を確保できます。

▶ 部屋を中心に商品訴求用動画を考える

「リビング」や「寝室」といった、部屋の役割を中心に調査を行ってみましょう。「リビング」のキーワードでは『収納』『照明』『棚』などが検索され、「寝室」のキーワードでは『照明』『壁紙』『カーテン』などが検索されています。『照明』以外は、傾向が異なっています。このように部屋の役割によって検索の傾向は異なるため、たとえば「収納」に関する商品は「リビング」をテーマに、「カーテン」に関する商品は「寝室」をテーマにプロモーションすると効果的だと考えられます。

また、『寝室␣カーテン』で検索しているユーザーは、寝室の照明にも興味があると考えられます。そのため、「寝室」をテーマに「照明」と「カーテン」を同時に訴求する動画も効果的だと考えられます。「商品・サービスの特徴を訴求する動画」は、商品単体ではなく、ターゲットユーザーの状況から想定されるニーズに合わせた大きなテーマを決めた上で、複数の商品を組み合わせて訴求する方が、使用イメージが湧きやすくなるため、購買意欲を高められると考えられます。

『リビング』と『寝室』に関するキーワード検索量比較 (3-10-2)

● 2019年4月～2019年8月

キーワード	表示動画数	平均検索量	2019年4月	2019年5月	2019年6月	2019年7月	2019年8月
リビング 収納	138,000	31,200	25,500	25,500	25,500	25,500	31,200
リビング 照明	81,100	20,900	20,900	20,900	20,900	20,900	20,900
リビング 棚	162,000	11,400	6,200	5,100	6,200	6,200	9,300
寝室 照明	17,200	7,600	7,600	7,600	7,600	7,600	7,600
寝室 壁紙	11,700	4,100	3,400	4,100	4,100	4,100	4,100
寝室 カーテン	23,800	3,400	2,700	3,400	3,400	3,400	3,400

● 2019年9月～2019年9月

キーワード	2019年9月	2019年10月	2019年11月	2019年12月	2020年1月	2020年2月	2020年3月
リビング 収納	31,200	31,200	31,200	38,100	38,100	31,200	38,100
リビング 照明	25,500	20,900	25,500	20,900	25,500	20,900	25,500
リビング 棚	25,500	25,500	17,000	6,200	9,300	20,900	11,400
寝室 照明	9,300	7,600	7,600	7,600	9,300	9,300	9,300
寝室 壁紙	4,100	4,100	4,100	2,700	4,100	3,400	4,100
寝室 カーテン	3,400	2,700	2,700	2,700	2,700	3,400	3,400

11 使い方用動画の設計方法

- 使い方動画は組み立て方などのハウツーコンテンツと機能紹介の動画が考えられる
- 商品を使用することの利便性からさらに商品の使い方を解説する
- 文字や画像では伝わりづらいことを動画を通じて訴求する

▶ 広告にしづらいことを動画で訴求する

ここでは「販売目的の動画」のうち「商品・サービスの使い方を訴求する動画」(図3-7-1の左上の分類)について見ていきます。

商品の使い方や操作方法を説明した「商品・サービスの使い方を訴求する動画」は、多くの企業がすでに制作しています。使い方動画を視聴するユーザーは、その商品をすでに持っているか、もしくはその商品の購入を具体的に検討していると考えられます。

「商品・サービスの使い方を訴求する動画」の内容は、商品によって様々ですが、大きく分類すると「取り付け方」と「機能紹介」の2つがあります。「取り付け方」は、取付けや組立てなど使い始めるまでに何か手順を踏まなければならない商品の場合に、その手順を解説する内容です。動画の目的は、購入を検討しているユーザーに「簡単に取り付けができるか」や「自分にもできるか」を確認してもらうことです。

「機能紹介」は、商品の機能を紹介する内容です。動画の目的は、商品に搭載された便利な機能を紹介することで、使用イメージや付加価値を伝えることです。機能は取扱説明書に記載していますが、すべてのユーザーがよく読んでいるわけではありません。また、こだわりの機能を企業は力を入れて開発することがありますが、これをユーザーに伝える機会もあまりありません。せっかく搭載されている機能が有効になっていないために、口コミサイトに「こんなことができない」と投稿されてしまうケースもあります。

▶ 使い方とユーザーの興味をかけ合わせる

「家具」の事例で考えると、まず思い浮かぶのは「取り付け方」(組み立て方)の動画です。家具に関する検索キーワードにも『家具␣組み立て』が見られます。ただし、家具の組み立て方の動画は、商品を検討しているユーザーには有効でも、まだどの商品

を選ぶか迷っている層には訴求が弱いかもしれません。そこで、検索量に関わらず『家具』の検索キーワード全体を見ていくと、『家具＿diy』『家具＿塗装』『家具＿リメイク』などが検索されていることがわかります（図3-11-1）。

　そこで、家具に関する検索にどのようなキーワードが多く含まれるかを「家具」「テーブル」「本棚」「椅子」を対象に調査してみると、最も多く含まれるのは「DIY」です（図3-11-2）。また、「補修」「塗装」「リメイク」「100均」などのキーワードも同時に検索されています。このような検索をしているユーザーは、安価で手軽に自分好みの家具へアレンジしたいというニーズがあると考えられます。

『家具』を含む組み立てに関するキーワード検索量（3-11-1）

● 2019年4月〜2019年9月

キーワード	平均検索量	2019年4月	2019年5月	2019年6月	2019年7月	2019年8月	2019年9月
家具 修理	1,800	1,800	1,800	1,800	1,800	1,800	1,800
家具 リサイクル	1,800	2,300	2,300	1,800	1,800	2,300	2,300
家具 ニトリ	1,500	1,500	1,500	1,500	1,500	1,500	1,500
家具 diy	1,500	1,200	1,200	1,200	1,200	1,500	1,500
家具 塗装	1,500	940	1,200	940	940	940	940
家具 かわいい	1,500	940	830	830	830	940	940
家具 リメイク	1,200	1,200	1,200	1,200	940	1,200	1,200
家具 mod	1,200	830	680	830	830	1,200	940
家具 イケア	1,200	940	940	940	1,200	1,500	1,200
家具 ikea	1,200	940	940	940	1,200	1,500	1,200
家具 テーブル	1,200	5,100	3,400	830	560	560	680
家具 mod	1,200	830	680	830	830	1,200	940
家具 売る	940	830	830	830	830	830	940
家具 工房	830	830	830	830	830	830	940
家具 棚	830	680	680	680	830	830	680
家具 レイアウト	830	680	680	680	830	830	830
家具 固定	830	560	680	830	680	830	830
家具 組み立て	680	680	680	560	560	560	680

　使い方動画は視聴ニーズが明確なため、視聴回数を獲得しやすい。視聴回数はキーワード検索量に比例することが多いため、これからYouTubeを始める企業にとっては、最初の取り組みとして導入しやすい。

● 2019年10月〜2020年3月

キーワード	2019年10月	2019年11月	2019年12月	2020年1月	2020年2月	2020年3月
家具 修理	1,800	1,800	1,800	2,300	2,700	2,300
家具 リサイクル	1,800	1,500	1,500	2,300	2,300	2,300
家具 ニトリ	940	1,200	1,200	1,500	1,500	1,800
家具 diy	1,500	1,500	1,500	1,800	1,800	1,800
家具 塗装	5,100	940	940	1,200	1,200	1,500
家具 かわいい	1,200	1,200	940	1,500	1,200	7,600
家具 リメイク	940	940	940	1,200	1,200	1,800
家具 mod	830	830	3,400	2,300	1,200	1,800
家具 イケア	940	940	1,200	1,200	1,200	1,800
家具 ikea	940	940	1,200	1,200	1,200	1,800
家具 テーブル	560	560	560	680	680	680
家具 mod	830	830	3,400	2,300	1,200	1,800
家具 売る	830	830	830	1,200	940	1,200
家具 工房	830	830	830	830	830	830
家具 棚	680	680	830	830	680	1,200
家具 レイアウト	830	680	830	940	940	1,200
家具 固定	680	680	1,200	940	680	940
家具 組み立て	680	680	680	830	830	1,200

▶ 検索キーワードに含まれる言葉の出現回数を調査

　「DIY」とともに検索されているキーワードを調査してみると、「塗装」が38件あるほか、「張替え」「塗り替える」などが含まれていることがわかります（図3-11-2）。家具のDIYに興味があるユーザーは、張り替えたり塗り替えたりすることで、自分好みの家具にするといったニーズがありそうです。

　「商品・サービスの使い方を訴求する動画」の設計としては、家具の組み立て方を基本的なテーマとしつつ、DIYの要素を加えることが考えられます。塗り替えや張り替えによって、自分好みにアレンジできることを訴えれば、家具の販売企業にとっては良い動画プロモーションとなるでしょう。組み立て方とDIYという形式は、「テーブル」「本棚」「椅子」などにも展開できると考えられます。

抽出語	出現回数	抽出語	出現回数	抽出語	出現回数
diy	71	組み立て	11	高い	7
補修	44	シート	10	収納	7
塗装	38	張替え	10	傷	7
作り方	33	高齢	9	張り替える	7
ニス	20	紹介	9	天	7
100均	18	熱	9	腹筋	7
リメイク	17	扉	9	方法	7
塗り替える	16	防止	9	揺れ	7
脚	15	トレーニング	8	輪	7
塗る	15	マジック	8	mod	6
修理	14	安い	8	ウレタン	6
手作り	13	掃除	8	マイ	6
木	13	漫画	8	ミニチュア	6
ニトリ	12	ストレッチ	7	ヨガ	6
森	12	ネジ	7	リ	6
剥がれる	12	ワックス	7	座る	6
簡単	11	一人暮らし	7		

Column　CM動画は長尺動画の拡散役になる

　15〜30秒などの短い動画は、総再生時間数を重視するYouTubeにとっては活用しづらいため、インプレッション数が急激に増加することはあまりありません。このような短い動画はYouTubeやTV用の主にCM動画ですが、自社のYouTubeチャンネルにも公開して活用したいものです。

　CM動画と、CM動画で訴求している商品を説明した長尺動画がある場合、CM動画は長尺動画への橋渡しとして活用することができます。CM動画を視聴しているユーザーの関連動画に長尺動画を表示させることで、結果的に長尺動画の視聴回数を増加させることができるからです。

　CM動画を視聴したユーザーに、関連動画として長尺動画が表示された場合、その長尺動画のクリック率と平均再生率は、他の動画と比べて良くなることがあります。CM動画は、それ自体の視聴回数を増加させることを目的とするのではなく、長尺動画への橋渡しとしての活用を検討してもよいでしょう。

チャンネル設計によるテーマの細分化の重要性

- これからYouTube チャンネルを開始する企業は初めのチャンネル設計が重要
- まずはチャンネルが認知されることを目的として動画を制作する
- テーマを細分化することで人気コンテンツが把握できる

▶ これからYouTube をはじめる企業はYouTube 検索からの視聴獲得を狙う

　動画プロモーションで重要な指標が視聴回数ですが、視聴回数を獲得するためにはそもそも動画がユーザーに表示されなければなりません。すでにチャンネルの認知度がある企業であれば、投稿した動画は一定の視聴回数を確保できるかもしれませんが、これからチャンネルを開設して動画プロモーション活動を行っていく企業にとっては、認知度がゼロからのスタートです。

　チャンネル登録者が少ない場合、まずは**YouTube 検索**からの流入を増加させることが重要です。動画が表示されるのは、YouTube 検索のほか**関連動画**と**トップページ**ですが、新たなチャンネルや動画にとってはこれらからの視聴はあまり期待できません。関連動画とトップページは、動画の表示を判断する際に、「過去に動画が視聴されているか」「チャンネルで公開されている動画が過去に視聴されているか」が重視されるからです。一方、YouTube 検索は、新しい動画が上位に表示される傾向があります。とくにユーザーが検索したキーワードが、動画のタイトルやタグ、概要欄に含まれているかどうかによって表示位置が決まります。したがって、まずは動画やチャンネルの認知を拡大させるために、YouTube 検索用の動画が必要となります。

▶ 段階の異なるそれぞれのユーザーに適切な情報を公開する

　チャンネル認知のきっかけを作るYouTube 検索用の動画から、ユーザーの悩みや課題に焦点を当てた動画に誘導し、さらに商品の具体的なイメージを持たせる商品訴求の動画を見せ、最後に商品の具体的な使用方法などの動画を見せてユーザーの購買意欲を高める——。これが動画プロモーションの一つの手法です。チャンネル設計においては、どの段階のユーザーに対しても興味を惹くようにすることが重要です。

　家具の例で考えると、すべてのユーザーが「インテリア」に漠然とした興味を持っ

ているわけではなく、またすべてのユーザーが「一人暮らし」や「レイアウト」に悩みを抱えているわけでもありません。「家具のDIY」や「寝室の照明」から入ってくるユーザーもいるでしょう。ユーザーの状況を分類し、母数の多いテーマから動画を制作していくことが、チャンネル設計における基本的な考え方です。

▶ チャンネル設計を行うことでYouTubeの表示アルゴリズムを有効活用できる

このようなチャンネル設計は、段階に応じたユーザーの誘導だけでなく、YouTubeの表示アルゴリズムの面から見ても有効です。

YouTubeのトップページには、過去に視聴した動画と類似するテーマの動画が表示されます。たとえば、インテリアに関する動画を視聴してれば、他のインテリアに関する動画が表示され、DIYに関する動画を視聴していれば、他のDIYに関する動画が表示されます。したがって、チャンネル設計では、大きなテーマを一つに絞り、それを細分化するようにしていくと、より多くのユーザーにリーチしやすくなります。

また、トップページには、過去に視聴した動画を投稿したチャンネルが公開する未視聴の動画も表示されます。たとえば、あるチャンネルが「テーブル」と「本棚」の動画を公開した場合、「テーブル」の動画を視聴したユーザーに「本棚」の動画が表示されます。動画のテーマが類似していれば視聴される可能性は高くなりますが、そうでなければ興味を持たれず、視聴されにくくなってしまいます。このようなトップページの特性を活用するためにも、大きなテーマを統一した上で細分化し、ユーザーの視聴ニーズに合わせていくことが大切です。

▶ テーマの細分化は動画マーケティングでもメリットが高い

統一されたテーマで細分化した動画を公開することは、動画マーケティングの面でも大きなメリットがあります。細分化したそれぞれのテーマについて、動画がどのように視聴されているのか、どのようなキーワードで検索された結果視聴に至っているのかといった視聴データを収集できるからです。

たとえば「レイアウト」という大きなテーマに対して、「一人暮らし」「ワンルーム」「寝室」「子供部屋」という細分化したテーマの動画を公開した場合、どの動画が表示回数を多く獲得しているかを調べることで、その動画を見たいと思うユーザーの母数を計測することができます。各動画を視聴したユーザーのキーワードを調べることで、別のテーマの動画のヒントが得られるかもしれません。どのキーワードから視聴した

ユーザーの動画再生率が高いのか、もしくは低いのかを分析することで、動画に対するユーザーの興味を把握することもできます。

　動画のテーマが極端に限定されていたり、1つのチャンネル内で全く異なるテーマの動画を公開していたりすると、ユーザーの傾向が把握しづらく、視聴データの信頼性も下がってしまいます。

▶ 多様なテーマで関連動画の幅を広げる

　チャンネル内で公開する動画のテーマが多様であれば、関連動画として表示される動画も多様になります。他のどのような動画に関連動画として表示されたのかを調べることで、次に制作する動画のヒントを得られることもあります。また、表示された関連動画ごとに平均再生率を分析することで、再生率の高い動画の傾向を把握できることもあります。さらに、高評価やコメントなどに繋がりやすい動画の傾向もつかめるかもしれません。高評価には繋がるがチャンネル登録には繋がらないという動画もあれば、表示回数は少ないがチャンネル登録に最も繋がる動画もあります。

　YouTubeによる動画プロモーションにおいて、いかにリーチできるユーザー数を増やすかも大切ですが、広報PR、マーケッターにとっては、ユーザーによる視聴から得られたマーケティングデータの活用も重要です。どのような訴求をすればユーザーがどう反応するのか、どのようなテーマがユーザーにとって魅力的であるかを動画を通じて分析するためにも、テーマを細分化した動画プロモーションが重要です。

YouTubeアルゴリズム
が好む動画

——プラットフォームの特長を押さえる

　YouTubeを活用した動画プロモーションを行う上で大切な
ことは、自分の動画がユーザーに表示されることです。どの動
画を誰に表示するかを決めるのはYouTubeアルゴリズムなの
で、自分の動画がユーザーに表示されるようにするためには
YouTubeアルゴリズムに関する理解が必要となります。本章
ではYouTubeアルゴリズムについて説明します。

1 YouTubeアルゴリズムとは

- おすすめされる動画はユーザーごとに違う
- トラフィックによってアルゴリズムが異なる
- ユーザーの視聴姿勢もトラフィックによってそれぞれである

▶ ユーザーに表示される動画はすべて異なる

　YouTubeのWebサイトやアプリを開くと、トップページに「あなたへのおすすめ」としていろいろな動画が表示されます。表示される動画はユーザー一人ひとりによって異なり、そのユーザーが視聴する可能性の高いものが表示される仕組みになっています。どのような動画を表示すべきかを一定の演算を元に行っているのはYouTubeの**アルゴリズム**です。ユーザーが目にするすべての動画は、このアルゴリズムによって表示されています。

　YouTube上でユーザーが動画を視聴するトラフィックは、**YouTube検索**、**関連動画**、**トップページ**の主に3種類です。これらのトラフィックはYouTubeの中で別々の役割を担うため、動画を表示するアルゴリズムもそれぞれ異なります。

▶ YouTube検索は動画に含まれる文字情報が重要

　「YouTube検索」のアルゴリズムは、ユーザーが検索窓にキーワードを入力すると、このキーワードから推測して、視聴される可能性の高い動画を表示します。このときアルゴリズムは、動画に設定されているタイトルや概要欄に含まれる文字のほか、動画の公開日や視聴回数などの過去の視聴データを参照します。

　タイトルや概要欄にユーザーが検索したキーワードが含まれていれば、ユーザーが求める動画である可能性が高くなり、キーワードが含まれていなければ、その動画はユーザーが求める動画である可能性は低くなります。動画の内容からどのような動画であるかを判断することは困難なので、アルゴリズムは主に動画に設定されている文字情報とユーザーの検索キーワードを判断して、検索結果画面に表示しています。

『筆ペン』でYouTube検索を行うと、「筆ペン」という文字をタイトルや概要欄に含む
動画が上位に表示される。

▶ 関連動画とトップページはユーザーの視聴傾向を重要視する

「関連動画」は、ユーザーが現在視聴している動画と関連性の高い動画を表示する
もので、類似する動画の視聴を促すための仕組みです。たとえば猫の動画を視聴して
いると、その動画を視聴した他のユーザーが視聴する傾向にある動画や、別のチャン
ネルに公開されている猫や他の動物の動画などが表示されます。

　関連動画のアルゴリズムは、主にユーザーが視聴している動画とユーザーの過去の
行動を判断して、表示する動画を決める傾向にあります。関連動画を続けて視聴して
いるうちに、知らないチャンネルの動画だが、自分の興味に合致した動画を視聴して
いたという体験は、このアルゴリズムによって実現されています。

https://www.youtube.com/watch?v=WqtZZ4slrOE

筆ペンに関する動画が表示されている。現在視聴している動画と関連性の高い動画が
優先的に表示される。

　「トップページ」は、ユーザーがYouTubeを開いて最初に目にするページです。トッ
プページには、過去の視聴傾向と検索履歴から、そのユーザーが視聴する可能性の高
い動画が表示されます。

　トップページのアルゴリズムはRecommendation system（おすすめシステム）と
呼ばれ、**深層学習（ディープラーニング）技術**が使われています。最近視聴した動画の
チャンネルが公開している新しい動画や、視聴傾向の似たユーザーが視聴している動
画、登録チャンネルが公開している動画などが表示されます。

スイーツやコーヒーといった動画のほか、動物や机の動画が表示されている。これまでの調査に使用したアカウントのため、調査対象となったテーマの動画を視聴するユーザーとして判断され、関連する動画が表示されている。

3つのトラフィックの中でも、動画投稿者が表示結果に影響を与えることができるのは「YouTube検索」と「関連動画」です。「YouTube検索」トラフィックに対しては、タイトルや概要欄などに設定するキーワードをユーザーの検索キーワードと合致させることで、自分の動画を表示させやすくすることができます。

「関連動画」トラフィックに対しては、動画に設定できる**タグ**を利用します。自分のすべての動画に共通するユニークなタグを設定すれば、自分の動画を視聴しているユーザーに、自分の他の動画を関連動画として表示させやすくすることができます。逆に、他のユーザーがよく使用するタグを設定すれば、他の動画との関連性が高くなるため、結果的にリーチする幅を拡げられる可能性があります。

▶ トラフィックによって変化するユーザーの視聴姿勢

　3つのトラフィックでは、ユーザーの姿勢もそれぞれ異なります。視聴したい動画が決まっているユーザーは、「YouTube検索」を利用するでしょう。それが最短の方法だからです。YouTubeの調査では、視聴動機が「情報」のユーザーのうち、65％は動画の視聴に対する明確な意図を持っており、さらに54.4％は緊急性が高いと報告しています。「YouTube検索」を利用するユーザーは、何となく動画が見たいのではなく、早くその動画を視聴したいという状況にあるということです。

　さらにYouTubeの調査では、緊急性の低いユーザーは、高いユーザーに比べて、動画に対する**エンゲージメント**（評価やコメントなど）が低かったと報告しています。すぐに視聴しなければならない状況にあるユーザーほど、動画に対して高評価を押したり、コメントするなどといった傾向にあるということです。

▶ 追加の情報がほしいときに視聴される関連動画

　「関連動画」から視聴するユーザーは、現在視聴している動画だけでは満足せず、類似するほかの動画も視聴したいという姿勢が考えられます。たとえば、視聴動画に知りたい情報が含まれていなかったり、情報の真偽を確かめたい場合などです。関連動画のトラフィックは、ユーザーはほかの動画を視聴した後に、さらなる情報を求めて自分の動画を見にきたということになります。

　「トップページ」から視聴するユーザーは、とくに明確な目的なく単に動画を視聴するためにYouTubeを開き、トップページに表示された動画を何となく視聴したという姿勢が考えられます。動画の内容がユーザーにとって魅力的であれば最後まで視聴しますし、魅力的でなければ視聴を途中で停止するでしょう。自分の動画がトップページに表示されたときの平均再生率は、その動画がいかにユーザーにとって魅力的であったかを判断する指標の一つであるともいえます。

『ランニングシュー
ズ』を選ぶポイント
が知りたい

ユーザー

『ランニングシューズ』で検索

この動画の
情報が正しいか
確認したい

ユーザー

関連動画で別の動画を視聴

何か見たい
動画があるか
探している

ユーザー

トップページから動画を視聴

4

YouTube アルゴリズムが好む動画

147

YouTubeアルゴリズムが好む動画とは

- ● YouTubeアルゴリズムはユーザーが好みそうな動画を表示する
- ● 視聴回数だけでなくユーザーが動画をきちんと視聴しかどうかを重視する
- ● 総視聴時間数がYouTubeアルゴリズムに好まれるポイント

▶ おすすめシステムはユーザーの動画発見を助けることが役割

　YouTubeは「アルゴリズムに好まれる動画とは、視聴者に好かれる動画である」とYouTube Creatorsチャンネルの中で伝えています。ユーザーが見たいと思う動画が、視聴回数を獲得することは確かです。では、YouTubeのアルゴリズムは、何を目的として設計されているのでしょうか。

　Googleが公開しているYouTubeのおすすめシステムに関する論文によると、その目的は数十億を超えるユーザーに対し、投稿され続ける膨大な数の動画の中から、自分に適した動画を発見できるように手助けをすることであるとされています。それぞれのユーザーに適した動画とは、そのユーザーが見たいと思う動画であり、そのような動画を表示するためにはユーザーの好みを把握する必要があります。YouTubeのアルゴリズムは、過去の視聴傾向や検索の履歴などから、そのユーザーが好みそうな動画を推測して表示します。では、アルゴリズムは動画をどのように判断しているのでしょうか。

　YouTubeにアップロードされる動画の中には、クリックの獲得だけを目的として、動画の内容と全く関係ないサムネイルやタイトルを設定するものも存在します。このような動画は**Clickbait Video**（**クリックベイト動画**）と呼ばれ、YouTubeが定めるポリシーに違反しているとされて、現在はアルゴリズムのおすすめ対象にはなりません。このような背景もあって、YouTubeのアルゴリズムは、視聴回数だけではなく、ユーザーにきちんと視聴された動画であるかを指標としています。動画がクリックされるだけでなく、その動画がどのくらい視聴されたかを計測することで、ユーザーにとってより有益な動画を表示できる仕組みとしています。

▶ 総視聴時間数がアルゴリズムに好まれるカギ

　動画がどのくらい視聴されたかは、**平均再生率**で計測することができます。平均再生率とは、動画全体の長さに対して何割が見られたかの平均値です。たとえば、1本の動画が10回視聴され、10回とも途中でスキップされずに視聴された場合は、平均再生率は100%です。視聴の途中でスキップされた場合は、スキップされた秒数の割合だけ平均再生率は下がります。逆に1回の視聴の中で繰り返し視聴された場合は、100%を超えることもあります。

　一般的に動画が短ければ、平均再生率は100%に近い数値を獲得しやすくなりますし、動画が長ければ、最後まで視聴される確率は下がり、動画の途中でスキップされる可能性も高まるので、平均再生率は下がります。そのため、平均再生率が98%である15秒の動画と、平均再生率が60%である10分の動画を比較した場合、前者の方が良いコンテンツであると一概に判断することはできません。ユーザーにとっては後者の方が有益である可能性があります。

▶ 総再生時間数が重要な理由

　YouTubeのアルゴリズムは、視聴回数や平均再生率に加えて、**総視聴時間数**をとくに重視しています。総視聴時間数とは、1本の動画が過去に合計何時間視聴されたかを示します。たとえば、15秒の動画が10回再生され、平均再生率が98%だった場合、総視聴時間数は2分27秒となります。10分の動画が10回再生され、平均再生率が60%だった場合、総再生時間数は60分となります。このとき、10分の動画の総再生時間数は、15秒の動画の約24.5倍となります。YouTubeは、この総視聴時間数を動画に対する評価の主な指標としています。

15秒の動画と10分の動画の総視聴時間数の比較（4-2-1）				
動画	動画の長さ	視聴回数	平均再生率	総視聴時間数
動画A	00:15	10	98%	02:27
動画B	10:00	10	60%	60:00

　総視聴時間数を主な指標とするからといって、動画が長ければよいということではありません。平均再生率が低ければ、最後まで視聴されない傾向にある動画と判断されてしまいます。また、長時間の動画はユーザーにとっての利便性を下げることになります。とくに情報を中心とした動画の場合、ユーザーはすべての情報を一度に知り

たいのではなく、段階的に知りたい傾向にあります。平均再生率を上げるために動画を無理に短くする必要はありませんが、総再生時間数を長くするために無理に長い動画にする必要もありません。重要なのは、動画の中で訴求する内容に適した長さであり、ユーザーにとって無理なく視聴できる長さであることです。

長い動画の場合は、チャプター機能の活用がおすすめ（4-2-2）

長い動画の場合、視聴者はどのタイミングで何について解説しているかを探さなければならない。チャプター機能を活用すれば、動画で解説している内容をユーザーに伝えることができる。

Chapter 4
3 チャンネル運用者が見るべき 3つの数値

- **YouTube**にはチャンネルアナリティクスとビデオアナリティクスの**2種類**がある
- **インプレッション数、クリック率、平均再生率**が重要な指標である
- **視聴データ**を分析することで動画に対するユーザーの反応が把握できる

▶ 視聴分析は全体像の把握から各動画の分析を行う

　動画の表示数や経由したトラフィックの把握は、動画の効果測定やマーケティング
の面においても重要です。YouTubeの**YouTube Studio**には、チャンネル全体の視聴
状況を分析する**チャンネルアナリティクス**と、各動画がどのように視聴されているか
を把握する**ビデオアナリティクス**の2つのツールが提供されています。YouTube
Studioとは、YouTube上に設置されたチャンネルの管理ツールです。動画の投稿やタ
イトルなどは、YouTube Studioで設定します。

YouTube Studioの画面（4-3-1）

YouTube Studioは、チャンネルや動画の管理、各動画の視聴データの確認、再生リ
ストの作成など、チャンネル運用に必要な機能を持っている。

チャンネルアナリティクスでは、チャンネルに投稿した動画がどのように視聴されているのか、チャンネル全体で見たときのトラフィックはどこが多いのか、視聴回数を最も獲得している人気動画はどれかといった、チャンネル全体の視聴状況を把握することができます。

　ビデオアナリティクスでは、自分が投稿した動画がどのようにユーザーから視聴されているのかを動画単位で把握できます。「それぞれの動画がどのくらいユーザーにリーチができているのか」「視聴に至ったトラフィックはどこが最も多いのか」「その動画はどのくらい最後まで視聴されているのか」などを調べることができます。

　視聴データの分析としては、まずチャンネルアナリティクスによって、チャンネル全体で見たときの人気の動画、その動画が視聴されているトラフィックなどの視聴状況の全体像を把握します。次にビデオアナリティクスで、それぞれの動画がユーザーにどのように視聴されているかなどの詳細を見て、それぞれの動画が果たしている役割を把握します。

▶ ユーザーの反応を分析する

　チャンネルアナリティクスとビデオアナリティクスのうち、チャンネル運用者が視聴データの分析に長い時間を費やすのは後者です。ビデオアナリティクスには、視聴回数や視聴者維持率グラフなど、その動画を視聴したユーザーの行動が様々な指標で数値として表示されます。

　視聴データを分析するときは、動画の何を分析するかを決める必要があります。これから動画プロモーションを行って効果測定をする場合は、まず**インプレッション数**、**クリック率**、**平均再生率**の3つを中心に分析すると、動画がユーザーにどのように視聴されているのかがわかりやすくなります。

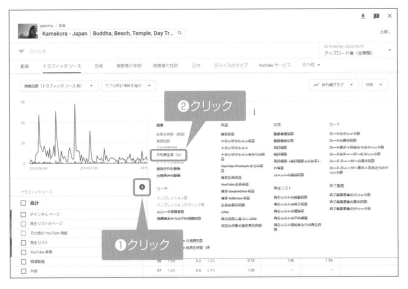

「平均再生率」は、プラスボタンをクリックし、表示されたポップアップの中から「平均再生率」をクリックすることで表示される。

▶ 視聴回数の源泉となるインプレッション数の大切さ

インプレッション数は、その動画が表示された回数を表す指標です。それぞれの動画がどこに表示されたのかを知ることで、アルゴリズムが自分の動画をどのように理解しているかを把握することができます。

4-1節で説明したように、YouTubeはトラフィックによってアルゴリズムが少しずつ異なります。自分の動画が表示されているトラフィックを分析したときに、YouTube検索からの表示が多ければ、タイトルや概要欄などの文言の設定と、ユーザーの検索キーワードが合致していることを意味します。反対に、YouTube検索用の動画として制作したにも関わらず、YouTube検索への表示回数が少ない場合は、使用しているキーワードを改善する必要があります。

アルゴリズムが自分の動画をどこに表示しようとしているかを把握するために、インプレッション数の分析が必要です。

▶ 動画がユーザーに魅力的に見えているかクリック率で判断する

クリック率は、ユーザーへのインプレッションに対してどのくらいクリックされたのかを表す指標です。ユーザーは表示された動画の一覧の中から、見たいと思うものをクリックして視聴します。そのため、クリック率の良し悪しは、動画の内容とは関係ありません。チャンネルで公開している各動画のクリック率を分析し、どの動画のクリック率が高いのか、あるいは低いかを分析します。

▶ 平均再生率から動画に対するユーザーの反応を知る

平均再生率は、ユーザーがいかに最後まで動画を視聴したかを表す指標です。繰り返し視聴された場合は100%を超えることもあり、反対に動画内でスキップされた場合は数字が低くなります。

平均再生率は、トラフィック単位で分析を進めると、その動画の視聴ニーズを把握することができます。通常、YouTube検索から流入したユーザーの平均再生率は、他のトラフィックと比べて高い傾向にあります。しかし、分析対象としている動画について、YouTube検索を経由した視聴に対する平均再生率が低い場合は、ユーザーがその動画を魅力的であると感じていない可能性が考えられます。

ユーザーの動画に対するトラフィックごとの反応を把握するために、平均再生率を確認することが重要です。

Column　視聴者維持率の見方

広報PR・マーケッターにとって、動画を公開した後に、動画のどのシーンが多く視聴され、あるいはスキップされたのかを知ることは大切です。視聴者にどの情報が伝わっているかを判断するためです。

視聴者がそれぞれのシーンをどのくらい視聴しているかを知るための分析指標が**視聴者維持率**です。視聴者維持率を見るときは、シーンを分割し、各シーンの始まりと終わりの数値の差を見ることがおすすめです。始まりと終わりで視聴者維持率が下がっていれば、そのシーンは不要であった可能性が考えられます。

視聴者維持率の分析は、動画の企画にも役立ちます。たとえば、おすすめの商品を5位～1位まで紹介する動画で、4位の視聴者維持率が減少している場合があれば、視聴者は3位～1位にしか興味がないのかもしれません。

4 インプレッション数

- 動画は表示されることではじめてユーザーから視聴される
- どのような動画に自分の動画が表示されているかを知る
- 自分の動画に興味のあるユーザーにきちんと表示されているかが重要である

▶ 興味関心の高いユーザーに動画が表示されることが大切

　ユーザーに好まれる動画であれば、最後まで視聴されることは確かです。しかし、最後まで視聴されることと、動画がユーザーに表示されることとは切り分けて考えなければなりません。また、音楽の好みが人によって様々なように、動画の好みもユーザーによって様々です。企業の場合は、動画プロモーションの対象する商品やサービスがあり、それらに興味のあるユーザーに動画が表示されなければ、視聴もされずプロモーション活動にもつながりません。

　企業にとっては、自分の動画が対象とする商品に興味を持ちやすいユーザーから視聴されることが重要です。化粧品の製造メーカーであれば、自分の動画がお菓子のレビュー動画の関連動画よりも、コスメティックの商品レビュー動画に表示される方が効果は期待できるでしょう。メイクアップ動画の関連動画に表示されれば、より関心が高いユーザーからの視聴を獲得できるかもしれません。コスメティックのレビュー動画やメイクアップ動画を視聴しているということは、化粧品に興味がある可能性が高いということであり、結果として化粧品メーカーの動画プロモーションのターゲット層である確率は高いと考えられます。

コスメティックス商品のレビュー動画には、他のコスメティックスをテーマとする動画が数多く表示される。チャンネルが認知されていなかったとしても、ユーザーが動画の内容に興味を持てばリーチは広がる。まずは動画が表示されることが必要である。

▶ 動画は表示されなければ視聴されない

　動画が視聴されるためには、まずはユーザーに表示されなければなりません。チャンネルに公開している動画を分析する際も、まずはそもそも動画がきちんとユーザーに表示されているのかを調べる必要があります。

　分析対象とする動画が、すべてのトラフィックにおいて表示回数が少ない場合は、アルゴリズムがその動画の表示を抑えてしまっている原因がどこかにあります。たと

えば、想定されるターゲットユーザーの検索キーワードと、タイトルや概要欄に記載しているキーワードに不一致がある場合は、その動画を視聴したいユーザーではなく、違うユーザーに表示されている可能性が考えられます。その動画の視聴を求めていないユーザーに表示されても、彼らが視聴する確率は低いでしょう。

　動画を表示しても視聴されなかった場合、アルゴリズムはその動画の表示回数を減らして、代わりに視聴される確率の高い別の動画を表示しようとします。表示してもユーザーからのクリックが獲得できなかった場合、YouTube上には同じようなケースが多数あることになります。そうなると、たとえその動画の視聴を求めるユーザーが別のところに存在していたとしても、アルゴリズムは「ユーザーからの視聴を得られない動画」と判断して、表示の候補から徐々に外していきます。

▶ 誰に動画が表示されたかが重要

　インプレッション数を分析する際は、その動画全体のインプレッション数を確認した後に、トラフィック単位で確認する必要があります。4-1節で述べたように、「YouTube検索」「関連動画」「トップページ」の3種類のトラフィックは、それぞれYouTube上での役割もユーザーの視聴姿勢も異なるため、それを理解した上で分析を進めることが大切です。

　YouTube検索でのインプレッション数の分析は、その動画に設定されているデータが適切であるか、ユーザーが入力するキーワードとの不一致が生じていないかどうかを判断するために行います。YouTube検索による表示回数が少ない場合は、タイトルと概要欄に設定されている文章を、ユーザーからの検索が期待でき、かつ検索量の多いキーワードに変更する必要があります。

　キーワードの検索量は、Keyword Toolを使って改めて調査する必要があります。検索量が多いキーワードを設定しているにもかかわらず、動画の表示回数が少ない場合は、そのキーワードで検索したときに同時に表示される競合動画の数が多いことが考えられます。このような場合は、動画に設定されている文字情報を、月間の検索量がそれほど変わらず、かつ競合する動画が少ないキーワードに変更する必要があります。

▶ 関連動画へのインプレッションについて

　関連動画のトラフィックに対して、動画が表示される回数が少ない場合は、設定されているタグに何か問題がある可能性が考えられます。関連動画は、他の動画を視聴しているユーザーに対して表示される動画なので、他の動画との関連性が重要となり

ます。このときアルゴリズムが重視する傾向にあるのは、動画に設定した**タグ**です。

　たとえば、スマートフォンに関するYouTubeクリエイターの商品レビュー動画を視聴した場合、その動画の関連動画に、そのYouTubeクリエイターの他の動画が表示されることがあります。何かの実験動画やエピソードを語る動画など、スマートフォンとの関連性が低い動画も表示されます。

　これは自分のチャンネル内の動画に共通のタグを設定することで、動画同士に関連性を持たせ、結果として内容に関わらずそのYouTubeクリエイターの動画が関連動画として表示されているのです。関連動画への表示回数が少ないということは、他の動画との関連性が低いタグが設定されていることが考えられます。

複数のキーワードを１つのタグとして設定できる（4-4-2）

タグは１つのキーワードだけでなく、半角スペースを使うことで、複数のキーワードを一つのタグとして設定できる。Keyword Toolによる調査の結果、ユーザーが『スマホ　おすすめ』など複数のキーワードで検索している場合は、タグも同じように設定するとよい。

Column　タイトルと概要欄に含めるキーワードをタグで設計する

　タグの設定について悩むことがあります。タグは、前の方では、動画のテーマに関係したキーワードを設定し、後ろの方では、社名など、動画よりもチャンネルに関係したキーワードを設定するとよいでしょう。タグの数は15～20個を目安とすることがおすすめです。

　タグを設定するときは、タイトルと概要欄にも同じキーワードを含めることが大切です。タグとして設定したキーワードがタイトルや概要欄に含まれていなければ、タグ、タイトル、概要欄のつながりが弱くなってしまい、YouTube検索や関連動画へのインプレッション数が少なくなってしまう可能性があります。タイトルと概要欄の文章は、タグに設定するキーワードを散りばめて作成しましょう。

ソースのタイトル

단편영화 Short film - Don't Cry (Korean,Japanese Sub)
Travel with me to Japan! ⛩ Ⓟ | Seoul to Tokyo ✈
오키나와 여행 [Yasuda Ayumi]
일본 의성어,의태어만 알아도 일본어 끝 part 2 [全ての日本擬音語]
A day in Kamakura - Japan 2019
Japan Kamakura Trip
We are walking on
ALTERNATIVE MEDICINE - Feeling Sorry [Official Music Video]
✈ Travel Vlog : 교토 나홀로여행 🌏 / KYOTO VLOG / Ood 오드
How is Mt. Fuji real? SO BEAUTIFUL | Tokyo, Japan Travel Vlog (Pt. 3)
OMG Trip 31: Japan - Kyoto, Nara
There's SO MUCH MORE to TOKYO! Incredible temples & beautiful gardens | Japan | Vlog 083
Let's play Mahjong Escape - Ancient Japan - Era 7 - Kamakura
Single Mom Travels - JAPAN TIPS!
M83 - Outro (Markus Toepfer edit)
Alsyantila75 Japan Trip : Tokyo to Hakone, mount Fuji
HOW TO TELL IF A R34 GTR IS FAKE!
Weird Stuff at the 100 Yen Shop in Japan!
#franinjapan /// Day : 16 Himeji (Japan's LARGEST Original Castle!)
Kamakura Japan 【My trip to Kamakura】
100 Things to do in TOKYO, JAPAN | Japan Travel Guide
1 week trip in Japan
🎌 Japan Trip #5: un pomeriggio a Shibuya insieme a YurikoTiger!
Japan Trip: Tokyo Day 3
Tokyo Trip Spring 2019
Japan Trip.
Rabbit Island in Japan | Thousand Rabbits in Okunoshima Island
Trainee's Life in JAPAN | A DAY IN KAMAKURA JAPAN #kamakura #Japanslife
First cycling trip to UKI SHI KUMAMOTO JAPAN!!
Japan Trip 2019
Rabbit Island in Japan!!! (Okunoshima) Bunnies everywhere!
言いたいこといっぱいあるの！（この間、日本に行った理由とか）
🎌 JAPAN TAX FREE LOUIS VUITTON 😍💜 VLOG＃5
WE WENT TO JAPAN!!
【電子タバコ】2019年5月 オススメしたいVAPE&アイコス&グロー&プルームテック&ヴェポライザー!!
Family Trip - Onjuku swimming are in Chiba-ken Japan Part 2
🏯카마쿠라 나들이 VLOG #2 뿔과 에노덴과 걷기 좋은날 (パンと江ノ電とお散歩日和) 일본 직장인의 일상 #우주로그
Exploring Enoshima, Kamakura and Minatomirai, Japan with Prof. Darryl Macer, AUSN
Парк оленей I Нара парк в Японии I Кормим Оленей I Nara Deer park Japan I Vlog Amir and Yasmina
🎌 Japan Trip #4: il Digital Art Museum. Incredibile Odaiba.
Japan Trip (Tokyo & Osaka) 11-18 May 2019
KYOTO's most visited shrine: FUSHIMI INARI + our best JAPANESE MEAL yet!? | Japan | Vlog 088
【離乳食】トマトと豆腐をあげたら超ご機嫌になった【生後7ヶ月赤ちゃん】　Good mood when gave tomatoes and tofu.
The Beauty of Kamakura, Japan.
My Hero Academia [English Dub] 3x11 REACTION - "One For All"
Mermaid Nails, Karaoke and Robot Restaurant (Tokyo Vlog #3)
Cyber's Japan Trip: Arrival In Tokyo

観光関連の動画が関連動画として表示された先は、このデータから主に海外の動画であると判断できる。「Japan」や「Travel」といった単語をタイトルに含むことから、観光と関連する動画に表示されていることがうかがえる。

▶ トップページへのインプレッションについて

　トップページへの表示回数が少ない場合は、自分のチャンネルで公開している動画の視聴状況と、分析対象としている動画の平均再生率が影響していることが考えられます。

　トップページには、ユーザーが視聴する可能性の高い動画が表示されます。たとえば、あるチャンネルの動画を視聴したとき、ユーザーはそのチャンネル自体に興味を持つ可能性があります。そこでアルゴリズムは、そのチャンネルが公開している未視聴の動画をトップページに表示することで視聴を促します。しかし、チャンネル内の動画の視聴回数が少ない場合は、表示候補から外れてしまうため、トップページに表示される可能性も低くなってしまいます。

　ただしトップページには、過去に視聴したことのあるチャンネルの動画だけが表示されるわけではありません。アルゴリズムは、ユーザーの過去の視聴傾向や検索キーワードなどをもとに表示する動画を選定しています。このとき重要なのは、過去に動画を視聴したユーザーのデータです。たとえば、過去に視聴したユーザーに女性が多ければ、似たような視聴傾向を持つ女性ユーザーに対して動画が表示されます。

　トップページへの表示回数が少ない場合は、その動画を過去に視聴したユーザーと同じ好みを持つユーザーが少ないか、その動画を視聴したユーザーの傾向にばらつきがある可能性が考えられます。多くは後者に該当し、動画のデータ設定に原因があるために、ターゲットユーザーとは異なるユーザーに視聴されているケースがほとんどです。

　このように、トラフィックによってインプレッション数の見方は様々ですが、表示回数が少ない原因の多くは、動画を視聴したいと思うユーザーに表示されていないことが原因となって、アルゴリズムが動画の表示を抑えていることにあります。自分の動画がユーザーに表示されているかどうかは、自分の動画がターゲットユーザーに届いているかどうかを判断する指標でもあります。

5 クリック率

- ● ユーザーからクリックされて自分の動画が視聴される
- ● クリック率の高さはタイトルとサムネイルを評価する上で役立つ
- ● タイトルとサムネイルは動画の内容をユーザーに伝えるための事前情報である

▶ トラフィック単位でクリック率の見方が異なる

　YouTubeは、表示された動画の中から見たい動画をクリックして視聴するプラットフォームです。したがって、動画がターゲットユーザーに表示されたとしても、クリックされなければ、視聴を獲得することはできません。そのため、クリック率の高さが、視聴回数の増加に直接的な影響を与えるといえます。

　トラフィックによってユーザーの視聴姿勢が異なるため、各トラフィックのクリック率を分析する際も異なる視点が必要となります。YouTube検索の場合は、他のトラフィックと比べてユーザーの視聴ニーズが高いため、クリック率の高低は、動画がそのユーザーが求める情報を提供していることが伝わっているかどうかを示します。クリック率が低ければ、求める情報を提供する動画ではないと判断されているということであり、クリック率が高ければ、求める情報を提供する動画であると判断されているということになります。

　関連動画の場合は、自分の動画と他の類似の動画との違いが、クリック率に影響を与えます。類似した動画が並ぶ関連動画では、自分の動画が何をテーマとし、どのような情報を提供するのかをユーザーに認識してもらう必要があります。関連動画からのクリック率が低い場合は、他の動画との違いが明確でないことがあります。競合する他の動画と並べられたときに、動画のテーマが伝わり、かつ内容の違いがわかるようにすることが重要です。

▶ トップページのクリック率でタイトルとサムネイルの良し悪しが判断できる

　トップページを閲覧しているユーザーは、まだどんな動画を見ようか検討している状態です。視聴したい動画があれば検索し、登録チャンネルの動画を見たければ登録チャンネルから動画を探すでしょう。

トップページには、アルゴリズムが過去の視聴傾向から推測して、視聴される可能性の高い動画を表示しています。自分の動画が表示されたということは、アルゴリズムがそのユーザーの視聴傾向と、自分の動画をこれまでに視聴したユーザーの傾向が似ていると判断したことになります。つまり、自分の動画をこれまでに視聴したユーザーの動画に対する反応が、それ以外のユーザーのトップページに動画を表示させるきっかけとなるということです。

トップページからのクリック率が高い場合は、動画のサムネイルとタイトルがユーザーにとって魅力的に見えており、クリック率が低い場合は魅力的には見えなかったという可能性があります。

▶ チャンネル設計が原因でトップページから視聴されづらくなる場合がある

トップページには、前節で説明したように、過去に視聴したチャンネルに公開されている未視聴の動画が表示されることもあります。このとき、チャンネル内の動画のターゲット層が複数である場合や、動画のテーマに統一性がない場合は、トップページからのクリック率が下がることがあります。

チャンネル内にユーザーが視聴した動画と類似する動画が存在しない場合、アルゴリズムはチャンネル内の他の動画を表示します。このとき、ユーザーが過去に視聴した動画とアルゴリズムが表示した動画のテーマがかけ離れていれば、ユーザーのクリック率は下がってしまいます。つまり、トップページからのクリック率を左右するのは、チャンネル自体の設計であるといえます。

▶ タイトルとサムネイルをセットで考える

ユーザーは、表示された動画の中から「見たい」と思ったものを視聴します。つまり、視聴前に与えられた情報によって「知りたい情報がありそう」「面白そう」などと内容を推測して、どの動画を視聴するかを選択するのです。視聴前に与えられる情報は、**タイトル**、**サムネイル**、**チャンネル名**、**視聴回数**、**公開日**の5つです。どのチャンネルからいつ公開されたか、視聴回数はどのくらいかといった基本情報とともに、動画を印象づけるのは「タイトル」と「サムネイル」です。

動画のタイトルは、YouTube検索でのインプレッション数に直接的な影響を及ぼします。そのため、キーワード検索量を考慮にいれず、インパクトがあるという理由だけで設定してしまうと、YouTube検索からの流入が減少する可能性が高くなりま

す。逆に、キーワードの検索量を気にしすぎて説明的なものにすると、今度はユーザーの興味を失ってしまう可能性が高くなります。

　動画のタイトルは、キーワードの検索量に重点を置きながら、ユーザーが視聴したいと思うようなものを設定することが重要です。「あくまでYouTube検索の上位表示対策に使用するもの」と割り切って考える必要があります。

『おつまみ レシピ』の検索結果画面（4-5-1）

【料理動画#15】絶対リピする！低加カリ-なのにがっつり腹を満たす6品【おつまみレシピ】
さくぱん sakupan channel・123万 回視聴・2 年前
本日もご視聴ありがとうございました。いつも週一では必ず晩酌をするのですが、やっぱりどうしてもガッツリ食べたくなってしまいます。…

【絶品おつまみ】ただ挟んで焼くだけで超旨い!!『ナス餃子ステーキ』Eggplant Gyoza Steak【糖質制限／低糖質レシピ】lowcarb…
こつタソの自由気ままに【Kottaso Recipe】・9.2万 回視聴・1 日前
ご視聴ありがとうございます。リクエストなんかも気軽にどしどしコメントして下さい。Thank you for watcting I want to deliver delicious Japanese …
新着

成人の日おめでとう🍶お酒に合うおつまみレシピ BEST12
テイストメイド ジャパン・2.1万 回視聴・3 か月前
成人の日おめでとう お酒に合うおつまみレシピ BEST12 それぞれのレシピは各動画をチェックしてね！スプリングマン …

おうち居酒屋part2#最近のお気に入りおつまみ4品
14zi nikki.・17万 回視聴・3 か月前
vlog#レシピ 気に入っていただけたら高評価とチャンネル登録よろしくお願いします！

【料理動画#107】３３分で作るおつまみレシピ／新アングルで夫婦と猫の晩酌【English subs】【猫動画】
さくぱん sakupan channel・4.3万 回視聴・6 日前
ご視聴頂きありがとうございました(*ﾟ▽ﾟ*) 今回初めて上からアングルで晩酌シーンをとってみました。晩酌中はどうしても数時間だらだらと…
新着

【絶品おつまみ】ただ巻いて焼くだけで超旨い!!お酒とご飯が鬼すすむ』『厚揚げとチーズの豚シソ巻き』Teriyaki sauce"Pork Cheese…
こつタソの自由気ままに【Kottaso Recipe】・98万 回視聴・2 週間前
ご視聴ありがとうございます。リクエストなんかも気軽にどしどしコメントして下さい。Thank you for watcting I want to deliver delicious Japanese …
字幕

クリームチーズを使った簡単おつまみレシピ4品～4 cream cheese recipes～
アフ郎's Kitchen・1.8万 回視聴・2 か月前
今回はとろりとした濃厚さと爽やかな酸味が美味しいクリームチーズを使って簡単なおつまみ4品を作っていきます。白ワインにも勿論合いますが…

それぞれの動画のタイトルに「おつまみ」や「レシピ」といったキーワードが含まれていることがわかる。サムネイルでユーザーの目を惹き、タイトルでユーザーを誘導する。

▶ ユーザーはタイトルとサムネイルの両方を見て動画を視聴するかを決める

　サムネイルとは、動画の一覧画面に表示される動画を表す画像のことをいいます。YouTubeに動画をアップロードすると、動画の映像の中から3種類のサムネイルが自動生成されますが、クリック率を上げるように作った独自のサムネイルの方が、ユーザーからのクリックを獲得しやすくなります。独自に作成したサムネイルは**カスタムサムネイル**と呼ばれ、YouTube Studio内の動画設定画面から画像をアップロードすることで設定することができます。

　サムネイルは、インパクト重視して、ユーザーの目を惹くように作成します。タイトルだけでユーザーの目を惹くことは難しく、サムネイルの中にタイトルに含まれていない言葉を表示させたり、ユーザーの興味を惹くビジュアルを入れることで、より多くのクリック数の獲得が期待できます。

　ユーザーは、タイトルとサムネイルの両方を見て視聴する動画を決定します。したがって、タイトルだけもしくはサムネイルだけで動画の内容を説明しようとする必要はありません。重要なことは、タイトルとサムネイルの両方を見て、ユーザーが視聴を判断できるようにすることです。タイトルに設定した言葉と全く同じものをサムネイルに入れてしまっては、ユーザーに伝わる情報量が減ってしまいます。タイトルとサムネイルには全く違う言葉を記載した方が、伝わる情報量が増えるとともに、ユーザーの興味を惹くこともでき、結果としてより多くのクリックを獲得することができます。

✒ Column　**クリック率の目安と数値が低い時の対処法**

　動画によっては、インプレッションは取れているが、クリック率があまりよくないというケースが多々あります。クリック率が低いと、YouTubeアルゴリズムから「ユーザーから選択されにくい動画」と判断される可能性が高まるため、改善が必要です。

　クリック率は、5％を基準として6％を目標とし、3％では何か改善が必要であると判断します。4％台は、インプレッション数によって判断するとよいでしょう。数十万のインプレッション数を獲得する動画であれば、4％は比較的良い方です。数千インプレッションの動画であれば、改善が必要です。

　クリック率が低い場合は、素直にサムネイルを変更することをおすすめします。動画がどのような検索キーワードで視聴されているか、またはどのような動画の関連動画として表示されており、それらの動画はどんなサムネイルであるかを調べて、改善すべきポイントを探すとよいでしょう。

6 平均再生率

- ユーザーがどの程度自分の動画を視聴したのかを把握できる
- ユーザーは予め動画に対する内容を期待して視聴している
- トラフィックソース単位で平均再生率を把握する

▶ ユーザーは動画の内容を予め推測する

　ユーザーは表示された動画の中から、興味を惹かれたものを視聴します。アルゴリズムは、一人ひとりのユーザーに対して、そのユーザーが過去に視聴した動画や検索したキーワードをもとに、興味を持ちそうな動画を推測して表示しています。そのため、自分の動画が全く興味を持ちそうにないユーザーに表示されることはあまりありません。

　ユーザーには、一覧から動画を選択した時点で、その動画に期待する内容やテーマがあります。たとえば、料理が好きで普段からレシピ動画を視聴しているユーザーならば、トップページから新たなレシピ動画を発見したり、YouTube検索から作りたい料理のレシピ動画を探したりします。

　どのトラフィックであっても、動画について事前に与えられる情報はタイトルとサムネイルです。ユーザーは、サムネイルからどんな料理かを推測し、タイトルからレシピ動画であるかを確認します。表示された動画の中から、作りたいと思うものがあれば、それを選択して視聴を開始します。ところが、動画の冒頭が料理を食べているシーンだったらどうでしょうか。そのユーザーは、レシピ動画とは違うと感じて、動画内をスキップしてレシピを解説しているシーンを探すか、他の動画を探してその動画から離脱してしまうでしょう。

▶ ユーザーの期待にそった「最初の5秒」が離脱防止のカギ

　YouTube動画は「最初の5秒が大切」といわれます。最初の5秒でユーザーの期待に即した内容であることを訴求することが大切だということです。ユーザーはサムネイルとタイトルから、どのような動画であるかを予測した上で視聴を開始しており、決してランダムに視聴しているわけではありません。彼らが期待する内容であることを知らせるために、動画の冒頭で内容を説明する必要があります。

動画の冒頭でユーザーの興味を惹くことができれば、ユーザーが動画を視聴し続ける確率は高まります。ユーザーが動画から離脱するのは、動画の開始直後が最も多く、途中に発生することはあまり多くありません。その動画をユーザーがどのくらい視聴し続けたかを示すのは平均再生率です。つまり平均再生率は、動画の内容がいかに魅力的で、ユーザーを惹きつけたかという指標であるといえます。

▶ トラフィック単位で平均再生率の傾向を把握する

内容やトラフィックによってさまざまですが、平均再生率が比較的高くなりやすいのは「YouTube検索」です。検索をしてまで動画を見たいということは、視聴に対する明確な目的がある傾向が強く、平均再生率はほかのトラフィックに比べて高くなります。

自分の動画の中にYouTube検索トラフィックの平均再生率が低いものがあった場合、その動画の内容に問題があるか、もしくは動画がターゲットとするユーザー層に表示されていない可能性があります。平均再生率が低いということは、最後まで視聴される確率が低いということなので、アルゴリズムが自分の動画をおすすめする確率が下がってしまう原因となります。したがって、まずは自分の動画のYouTube検索トラフィックに対する平均再生率を確認することが大切です。

YouTube Studioのビデオアナリティクスでは、それぞれのトラフィックごとに、自分の動画が視聴されるに至った詳細な経路を確認することができます。たとえば、YouTube検索については、視聴に至ったキーワード単位で平均再生率を確認することができますし、関連動画については、ユーザーが自分の動画の一つ前に視聴していた動画を確認することができます。

YouTube検索トラフィックからの平均再生率を確認することで、どんなキーワードで検索を行うユーザーが最後まで視聴するのかを把握できます。このとき、リスト化されたキーワードの一覧を確認して、自分の動画を視聴するユーザーの傾向を分析することも重要です。ただし、それぞれの視聴回数が少ない場合は、平均再生率が極端な数字になることがあるため、キーワードを分類してカテゴリにまとめ、カテゴリごとに分析する必要があります。

トラフィック ソース	平均再生率	インプレッションのクリック率
YouTube検索	67.66%	8.14%
チャンネルページ	67.30%	3.28%
ブラウジング機能	61.30%	4.87%
終了画面	56.98%	–
関連動画	50.42%	8.05%

YouTube検索からの平均再生率が高いことがわかる。ブラウジング機能（トップページなどへの表示）からの平均再生率が高いことから、視聴ニーズのあるユーザーへ表示されていると見られるが、クリック率がYouTube検索と関連動画よりも低いことに課題がある。インプレッション数と関連動画の視聴データを確認した上で、改善点を明確にする必要がある。

▶ 平均再生率の高い他の動画を把握する

関連動画については、ユーザーが自分の動画の前に視聴していた動画を把握することができます。他のチャンネルの動画の平均再生率は見られませんが、自分の動画の平均再生率と、視聴に至った動画の傾向を分析することで、最後まで再生される確率の高い動画の傾向を把握できます。

関連動画についても、視聴に至った動画を分類して分析することで、どのようなカテゴリの動画から視聴された場合に平均再生率が高くなりやすいか、あるいは低くなりやすいかを把握することができます。

なお、動画に**終了画面**を設定すると、動画が最後まで視聴されたかどうかを具体的な数値で掴むことができます。終了画面とは、動画の最後の20秒間、おすすめ動画を表示したり、チャンネル登録ボタンを設置できる画面です。基本的な目的はチャンネル登録を促したり、次の動画にユーザーを誘導することですが、分析者にとっては、終了画面が表示された回数によって、動画が最後まで視聴されたかどうかがわかります。それぞれの動画に終了画面を設定することで、より具体的に最後まで視聴される動画の傾向を知ることができます。

7 3つの数値が重要な理由

- 表示され、クリックされ、最後まで視聴されているかを把握することが重要
- 各指標の視聴データを分析することで動画の改善点を発見できる
- 視聴者維持率からどのシーンが人気であるかが把握できる

▶ ユーザーに好まれる動画を指標別に分類する

広報PRやマーケッターが目標とすべきは、「ユーザーに好まれる動画」を作ることです。「ユーザーに好まれる動画」かどうかは、ユーザーの行動の指標となるクリック率と平均再生率、動画の表示の指標となるインプレッション数の3つの指標で測ることができます。

インプレッション数は、ユーザーへのリーチ数の母数となります。多くのユーザーに動画を視聴してもらうためには、まず彼らに自分の動画を表示させることから始めます。動画を公開した直後は誰からも視聴されていない状態であり、YouTubeチャンネルを作成した直後は動画数もゼロの状態です。

全く何もない状態から動画プロモーションを行う場合、YouTubeアルゴリズムが自分の動画を評価する唯一の指標は**公開日**です。とくにYouTube検索トラフィックは、視聴回数の多い動画だけでなく、新しく公開された動画かどうかも重視しています。そこで、まずは検索量の多いキーワードを中心に、タイトルや概要欄の設定を行うことが重要です。

▶ ターゲットユーザーへ表示されているか判断するために3つの指標を重視する

一定のインプレッション数を獲得できたとしても、ユーザーがクリックしなければその動画は視聴されません。ユーザーは動画の内容が自分の視聴したい内容と合致していそうかどうかで、クリックするかどうかを判断します。公開した動画の**クリック率**を分析することで、表示に対して視聴が獲得できているかどうかを把握できます。

動画がクリックされて視聴が開始された後、動画の内容がユーザーの期待に合致していれば、動画は最後まで視聴される確率は高くなり、**平均再生率**は高くなります。クリックはされているが平均再生率は低い場合は、ユーザーは「間違った動画を選択し

た」と思っている可能性があります。動画の冒頭で離脱する回数が増加してしまうと、クリックだけを目的とした動画であるとアルゴリズムに判断されてしまいかねません。

インプレッション数、クリック率、平均再生率の3つの指標は、ユーザーに好まれる動画かどうかを判断するための指標です。クリック率はユーザーから選択される動画であるかどうかの指標であり、平均再生率はユーザーから最後まで視聴される動画であるどうかの指標です。インプレッション数は、この2つの指標を下支えする指標となります。これらの数字が高い動画が「ユーザーに好まれる動画」であり、企業の動画プロモーションにとってはこれらの数字を高めていくことが大切です。

▶ 3つの指標は動画の改善点を探すためのもの

これらの指標の数値は、動画によって差が出てきます。インプレッション数の高い動画もあれば、クリック率や平均再生率が低い動画もあります。動画に設定したデータを改善することで、それぞれの数値を高めるようにします。

インプレッション数については、「タイトル」と「タグ」の改善が必要です。とくに公開して間もない動画で、YouTube検索へのインプレッション数が低い場合は、ほとんどがタイトルに原因があります。動画の内容を簡潔にまとめたようなものではなく、検索量の多いキーワードを含めたものに書き換える必要があります。

公開してから数か月が経過したにもかかわらず、関連動画へのインプレッション数が増加しない場合は、タグの設定に改善点があると考えられます。TubeBuddyを活用して、他の動画にどんなタグが設定されている割合が多いのかを確認した上で、他の動画との関連性を持たせるようにします。

▶ 動画の内容をサムネイルで伝えることでクリック率を改善する

クリック率については、4-5節で紹介したように、サムネイルが大きな影響を与えます。ユーザーはサムネイルによって動画への興味を抱く傾向にあるため、どんな内容で何を伝える動画であるかが伝わるようなサムネイルにする必要があります。

サムネイルを改善するときに参考となるのは、YouTube検索トラフィックから視聴したユーザーのキーワードと、関連動画として表示された他の動画のサムネイルです。ユーザーが検索したキーワードで実際に検索したときにどのようなサムネイルが表示されるのか、また、自分の動画が関連動画として表示された他の動画を視聴したときにどのような動画が他に表示されるのかを調べて、それらのサムネイルよりも目を惹くものを制作するようにします。

企業・ブランドを認知
していないユーザー層

潜在顧客

商品に興味がある
ユーザー層

顕在顧客

検索量
インプレッ
ション数が
重要

リーチ拡大目的

クリック率
平均再生率
が重要

商品プロモーション

平均再生率
が重要

イメージ訴求

ハウツー動画

既存顧客

企業・ブランドを認知しているユーザー層

▶ 平均再生率は動画に対する評価として捉える

　平均再生率は、動画の内容に対する評価と捉えるとわかりやすくなります。平均再生率の低い場合は、ユーザーにとって飽きやすい内容であり、高い場合は、ユーザーが最後まで興味をもてる内容であると判断できます。さらに、終了画面の表示回数を調べることで、具体的にユーザーがどのくらい最後まで視聴しているのかも把握できます。

　トラフィックごとの平均再生率を把握したら、次に**視聴者維持率**によって、どのシーンが離脱やスキップにつながっているかを把握します。視聴者維持率とは、動画の各時点での視聴回数を動画全体の視聴回数で割った値で、YouTube Studioのビデオアナリティクスにはこれをグラフ化したものが表示されます。このグラフから、どのシーンが視聴され、またどのシーンがスキップや離脱につながっているのかを分析し、次の動画制作時の参考とします。

YouTubeが解説する視聴者維持率の見方（4-7-2）

視聴者維持率を把握する

視聴者が巻き戻して複数回視聴した場合などは100%を超えることもあります。

 グラフの線が平坦である場合は、視聴者がその部分を最初から最後まで再生していることを示しています。

 緩やかな下降は、時間の経過とともに視聴者が少しずつ関心を失っていることを表します。

 グラフの山の部分は、多くの視聴者が動画のこの部分を何度も視聴したか、またはこの部分を共有する視聴者が多かったことを示しています。

 グラフの谷の部分は、視聴者が動画のこの部分をスキップしたか、この部分で動画の視聴を止めたことを示しています。

YouTubeのビデオアナリティクスは、視聴者維持率の見方について解説している。グラフは概ねこの4種類に分かれることが多く、それぞれの動画の視聴者維持率がどのようなグラフになっているかを把握し、次の動画制作に役立てることが大切である。

8 Expected Watch Time（期待視聴時間数）

- アルゴリズムはユーザーに表示する動画の候補を出した上でランク付けしている
- 動画を評価する上で「明確なフィードバック」と「潜在的なフィードバック」を評価する
- 表示した動画がユーザーからどの程度の視聴時間が期待できるかが重視されている

▶ インプレッションからの総再生時間が重要

　2019年初頭、YouTubeはYouTube Studioのベータ版を公開し、これまでのYouTubeチャンネル管理画面からYouTube Studioへ移行するよう、チャンネル運用者に繰り返しアナウンスしてきました。そして2019年11月、YouTubeチャンネルの管理画面の位置付けとして、YouTube Studioが正式に発表されました。11月以降も、さらなる仕様変更や分析指標などが追加されています。

　一新されたYouTube Studioのアナリティクスに新たに加えられた機能の一つが**インプレッションからの総再生時間**です。これは、指定した期間において、動画のサムネイルがユーザーに表示されたことで視聴が発生した、動画視聴の総再生時間のことです。

　YouTubeには日々膨大な量の動画がアップロードされており、利用者も月間20億人を超えています。YouTubeのアルゴリズムは、その一人ひとりのユーザーに対して、彼らが見たいと思う動画を表示するために、まず表示する動画の候補を選定し、それらをランク付けして、最終的に表示を決めています。動画の候補選定とランク付けには、ユーザーの視聴傾向と動画のデータ設定を参照します。

　YouTubeに公開されているほとんどの動画は、設定がきちんとされていません。動画は投稿者自身が公開するものである上、タイトルやタグの付け方にもとくに決まりがあるわけではなく、さらに言葉の使い方も人それぞれです。そのためアルゴリズムは、動画のデータ設定のみを参照するのではなく、ユーザーの行動も参照して、表示する動画を決めているのです。

　ユーザーの行動は、**Explicit feedback**（**明確な**フィードバック）と**Implicit feedback**（**潜在的な**フィードバック）の2種類に分けられます。前者は評価ボタンやコメントなどを指し、後者は視聴時間や「最後まで視聴したか」「途中でスキップしたか」）などを指します。YouTubeおすすめシステムの論文によれば、アルゴリズムは明確なフィー

ドバックも参照するものの、明確なフィードバックを得ている動画の母数が少ないために、潜在的なフィードバックの方を参照しておすすめ動画を表示しているとされています。

インプレッションと総再生時間の関係の事例（4-8-1）

チャンネル単位、動画単位でインプレッションと総再生時間の割合を確認できる。「リーチ」タブからそれぞれの指標を確認することで、動画の視聴状況の概要を把握することができる。

▶ 長い動画がアルゴリズムからおすすめされやすい

　潜在的なフィードバックは、視聴回数をもとに計算した**平均再生率**が基本的な指標となりますが、視聴回数ではなくインプレッション数 (サムネイルの表示回数) をもとに計算した**インプレッションからの総再生時間**がより重要な指標となります。

　平均再生率は、YouTube内の動画だけでなく、Webサイトに埋め込まれた動画などについても計測しています。YouTubeだけで視聴する動画は、視聴前に与えられる情報はサムネイルとタイトルのみですが、Webサイトに埋め込まれた動画は、視聴前にさまざまな情報を与えることができます。そのため、YouTubeだけで視聴できる動画を正確に評価することができません。そこで重要となるのが、サムネイルを経て視聴された場合に限って計測される**インプレッションからの総再生時間数**です。

Expected watch time per impressionに関して言及されている (4-8-2)

> We use a deep neural network with similar architecture as candidate generation to assign an independent score to each video impression using logistic regression (Figure 7). The list of videos is then sorted by this score and returned to the user. Our final ranking objective is constantly being tuned based on live A/B testing results but is generally a simple function of expected watch time per impression. Ranking by click-through rate often promotes deceptive videos that the user does not complete ("clickbait") whereas watch time better captures engagement [13, 25].

　YouTubeのおすすめシステムの論文は、インプレッションからの総再生時間を**Expected watch time per impression**（**表示当たりの期待視聴時間数**）と表現しており、動画のランク付けにおいて重視されるとしています。理由として、2014年にYahoo Labsから発表された、ユーザー単位で最適化されたニュース記事の表示システムについての論文を参照しています。同論文は、ユーザーからのエンゲージメントを計測するときは、クリック率ではなく滞在時間を基準とすることが重要であるとしています。おすすめシステムの論文でも、クリック率を判断基準とした場合は、クリックベイト動画（クリックだけを目的とした動画）が多くおすすめされる一方で、視聴時間を判断基準とした場合は、ユーザーからのエンゲージメントを獲得しやすい動画がおすすめされる傾向があるとしています。

▶ 短尺動画はYouTubeアルゴリズムからおすすめされにくくなる

　企業の動画プロモーションでは、最後まで視聴されるようにと、動画を短くするケースがよく見られます。最後まで視聴されれば平均再生率は高くなりますが、動画が短ければ総再生時間数も短くなります。すると、インプレッション当たりの期待視聴時間数も短くなり、結果としてアルゴリズムにおすすめしにくい動画となってしまいます。

　平均再生率を気にして、プロモーションの内容を削ってまで動画を短くするのではなく、ユーザーに内容がしっかりと届くことを重視して、比較的長めの動画を制作した方が、結果としてアルゴリズムからおすすめされやすい動画となります。途中で離脱しないようユーザーを飽きさせないような工夫をする必要はありますが、決して短い動画を作らなければならないということではありません。

✒ Column　総再生時間数の多いキーワードと関連動画を見つける

　ビデオアナリティクスによってYouTube検索や関連動画を分析する際は、どのキーワードもしくは関連動画から流入したときに、総再生時間数が長くなるのかを確認することがおすすめです。「期待視聴時間数」は、動画を表示したときに、どのくらいの時間、その動画が視聴されるかを、過去の視聴データから推測したものです。プラットフォームであるYouTube側の視点で言うと、表示することで、その動画がユーザーをYouTubeにどのくらい長く留めておいてくれるかを見定めるための指標ということになります。

　総再生時間数に注目して視聴データを確認すると、視聴回数は多いにも関わらず、総再生時間数が多くないことがあります。このような場合は、「視聴されてもすぐに離脱されてしまう動画である」とYouTubeアルゴリズムから判断されかねません。視聴回数を見ることも大切ですが、総再生時間数にも注目して、どのキーワードや関連動画を経由して視聴された場合に、長く視聴されるかについても把握するようにしましょう。

Positive Impressionと Negative Impression

- アルゴリズムは動画の表示に対して評価している
- 動画の表示には肯定的な表示と否定的な表示がある
- ユーザーから動画がクリックされ、最後まで視聴されることが重要である

▶ 動画の良し悪しを判断するクリックと視聴時間

　YouTubeのおすすめシステムは、ユーザーに動画を表示するときに、そのユーザーが何分その動画を視聴するかを事前に推測しています。そして、期待できる視聴時間数が長ければ「ユーザーに好まれる動画」と判断し、短ければ「ユーザーから好まれない動画」と判断しています。1分間しか視聴されない動画よりも、10分間視聴される動画の方が良い動画であるという判断です。

　視聴する前にユーザーが行うことは、表示された動画の中から一つの動画をクリックすることです。動画を表示してもクリックされなければ、YouTubeのおすすめシステムは、その動画はユーザーにとって興味がないものと判断します。動画がクリックされたら、その次にその動画がどのくらいの時間視聴されたかを計測し、ユーザーの興味度と満足度を測っています。

▶ Positive ImpressionとNegative Impressionについて

　YouTubeアルゴリズムは、ユーザーの動画に対する満足度の指標として、総再生時間だけでなく、その動画がインプレッションに対してクリックされたかどうかも計測しています。この計測は、**Positive Impression**（**肯定的な表示**）と**Negative Impression**（**否定的な表示**）の2種類の表示に対して行われています。

　Positive Impressionとは、表示された動画がクリックされたことをいい、Negative Impressionとは、表示された動画がクリックされなかったことをいいます。Positive Impressionについては、動画をクリックした後の総再生時間数が、動画をランク付けするためのスコアに加重されます。Negative Impressionについては、動画が表示されただけであってユーザーがクリックしたわけではないため、クリックされなかったという結果がそのまま動画のランク付けのスコアに加重されます。

　YouTubeのおすすめシステムの論文は、動画へのクリックの有無とクリックされた

場合の視聴時間数から、動画が持つ期待視聴時間数を推測して、動画のランク付けに反映した指標の方が、クリック率をそのまま指標とするよりも、より正確にユーザーの満足度を測定できると結論付けています。

▶ おすすめシステムの設計思想を基に視聴データを分析する

企業の動画プロモーションでは視聴回数が重視されがちですが、チャンネル運用者は視聴回数の源泉となるクリック率に注視する必要があります。クリック率の低さはNegative Impressionであるため、表示回数が多くてもクリック率が低ければ、自分の動画はアルゴリズムから低い評価を受けてしまいます。

動画がクリックされ、Positive Impressionとして計測されたら、次はユーザーがどれくらいの長さ視聴したのかが重要となります。平均再生率が低ければ、アルゴリズムから「クリック率は高いが最後まで視聴されない動画」、すなわちクリックベイト動画と判断される可能性が高まります。自分の動画を事前に想定したターゲットユーザーに表示させることで、平均再生率を向上させることができ、より多くの総視聴時間数を獲得できるようになります。

> **おすすめシステムに関する論文の冒頭には、システムが担うべき役割が述べられている (4-9-1)**

YouTube is the world's largest platform for creating, sharing and discovering video content. YouTube recommendations are responsible for helping more than a billion users discover personalized content from an ever-growing corpus of videos. In this paper we will focus on the immense impact deep learning has recently had on the YouTube video recommendations system. Figure 1 illustrates the recommendations on the YouTube mobile app home.

CMなどの動画プロモーションならば、商品の魅力を伝えることだけを考えればよいのですが、YouTube動画プロモーションでは、それだけでなく、視聴を分析してユーザーがどのように動画を視聴しているかを把握することが重要になります。

期待通りの視聴回数が得られなかった場合は、インプレッション数、クリック率、平均再生率の3つの指標を中心に分析を進めることで、動画がどの段階でつまずいているかを明確にします。チャンネル運用者は、YouTubeのアルゴリズムがどのような

考え方で設計されているかを認識し、自分の動画がどのようにアルゴリズムから評価を受けているかを推測した上で、3つの指標をもとに動画を改善していくことが重要となります。

▶ 視聴データの分析は動画としての「正解」を探求するためのもの

　公開した動画は、視聴データを分析すると、改善点が見つかるケースがほとんどです。

　視聴回数が伸び悩む原因は、インプレッション数やクリック率、平均再生率を中心に必ずどこかにあり、その原因を見つけたときに、不思議に感じることはそれほどありません。動画の内容やタイトル、サムネイルなどを視聴データと照らし合わせると、なぜインプレッション数が低いのか、クリック率が低いのか、よく考えれば確かにそうかもしれないと思うことが大半です。

　企業の場合、YouTubeクリエイターのように毎日動画を投稿することは難しいのが現実です。そのため、1本の動画に対する分析と改善を地道に行って、「正解」を発見することが大切です。動画としての正解とは、たとえばランキング形式の動画であれば「このタイトルが最良である」といったことや、新商品を紹介する動画であれば「このサムネイルのレイアウトが、クリック率が高まりやすい」といったことです。

　その動画としての正解を発見するためには、すでに公開しているその動画の視聴回数をどのようにすれば増加させられるかを視聴データを基に考え、継続的に比較・検証することが重要です。動画は公開して終わりではなく、公開した動画の視聴回数を、どうのようにしてさらに増加させられるかを考える必要があります。そうすることで、結果的に幅広いユーザーへリーチでき、潜在的な顧客層へのプロモーションが実現できます。

YouTubeが提唱する動画構成のための5つの助言

- 動画制作にあたって参考となる5つのデザインフレームワーク
- 情報を求めるユーザーはガイドや計画を求めている
- 動画に含む情報の正当性を示し、最新のコンテンツであることが重要

▶ YouTubeが提唱する動画制作における5つのデザインフレームワーク

　YouTubeは、ユーザーがどのような動機で動画を視聴するのかについて、計算によって分析を行うだけでなく、ユーザーに対して実験を行った研究もしています。

　実験を受けてYouTubeの研究者たちは、携帯端末によるYouTubeの視聴動機に関する論文において、YouTubeのおすすめシステムとYouTube検索エンジンをデザインするに当たっての9つのデザインフレームワークを提唱しています。その中からここでは、企業が動画制作する際にとくに重要な5つについて説明します。

▶ 1. ガイダンス、計画、良いキュレーションの提供

　ユーザーは、広域なテーマを学びたいと思ったとき、学びのステップに課題を抱える傾向にあります。学びたいテーマについて、どの動画から視聴を始め、次にどの動画を視聴すればよいのかがわからないといった課題です。

　これを解決するために、動画投稿者は、動画コンテンツを学習プロセスに合わせて分類することで、ユーザーが学びたい情報に簡単にアクセスできるようにする必要があるとしています。またさらに、それぞれの動画ではユーザーに目標を提示し、学習に必要な時間を伝えることで、これから学習したいと思うユーザーの計画をサポートできるようにする必要があるとしています。

▶ 2. 情報源に正当性があることを強調し、資格情報を提示する

　YouTubeには誰でも動画を投稿できるため、とくに「情報」を視聴動機に持つユーザーにとっては、その情報が本当に正しいかどうかの確認が課題となっています。

　そこで、信頼できる情報源であり情報提供者であることを強調することで、「正しい動画を視聴したい」というユーザーのニーズを満たすことができます。とくにこれか

ら動画投稿を始める投稿者は、保有資格などの情報を提供することで、情報提供者として ユーザーからの信頼を得ることができます。

▶ 3. ユーザーの動機に合わせて、様々な種類の『新鮮な』コンテンツを提供することを強調する

新しいコンテンツには、最近制作された動画と、最近のイベントについての動画の2種類があります。最近制作された動画は、主にエンタテイメントの分類では重要で、最近のイベントについての動画は、「情報」を視聴動機に持つユーザーにとって重要です。

ユーザーは「古い動画は信頼性にかける」と判断するため、企業の動画プロモーションでも、新しい動画である方がユーザーからの信頼を得られやすいでしょう。

▶ 4. 企業と顧客によるレビューを区別する

商品の購入を決めるとき、ユーザーは主に企業の動画と一般消費者のレビュー動画を参考にします。企業の動画には商品の詳細説明を期待しており、一般消費者のレビュー動画にはバイアスのかかっていない商品への評価を期待しています。

顧客のレビュー動画を公開することは難しいため、企業は商品の詳細な説明をすることでユーザーに商品プロモーションを行います。

▶ 5. コンテンツ消費を通じてユーザーの意図を明確化させる

漠然としたキーワードで検索しているときは、ユーザー自身も自分が何を見たいのかがわかっていないことがあります。YouTubeの検索エンジンは、このようなときにユーザーのガイドツールとして機能し、動画を選択しやすくすることを、論文の筆者たちは推奨しています。そのためには検索結果画面で、短い動画をユーザーに提供すべきだとしています。

現在、YouTubeの検索結果画面やトップページは、一覧表示された動画をマウスオーバーすると、動画の冒頭から数秒が再生される仕様となりました。ユーザーからのクリックを得るためにも、動画の冒頭はユーザーが興味を持ちそうなシーンにするとよいと考えられます。

クチコミ分析

──ユーザーは商品の何を見ているのか

　消費者は何か商品を購入するときに、すでに購入した人の意見を参考にすることがあります。クチコミは商品に対する消費者の感想であり、その感想にどのような傾向があるのかを知ることは、消費者への動画プロモーションを企画する上で重要な資料となります。本章ではクチコミ分析の概要について説明します。

1 クチコミ分析とは

- 商品購入においてクチコミは6割強のユーザーが参考にする
- 商品に対してユーザーがどのようなことを言及する傾向があるかを把握する
- クチコミでみられた傾向から動画制作を行う

▶ 消費者の視点から動画プロモーションを考える

　企業の商品プロモーション動画は、主に商品の良さや機能など、消費者に伝えたいメッセージを中心に構成されます。これまでになかった機能や技術、デザイン性、利便性などは、消費者の購買意欲を高めるきっかけとなります。

　一方、消費者は何か商品を購入するときに、Web上に掲載されているクチコミを判断材料にしています。総務省の統計データによると、どの年代も「かなり参考にする」「まあ参考にする」を合わせると6割強であり、過半数がクチコミを参考にしています。この傾向は年齢が低くなるほど強まり、若年層ほどクチコミを参考にして商品の購入を検討していることがわかります。

	かなり参考にする	まあ参考にする	どちらともいえない	あまり参考にしない	まったく参考にしない
20代 (n=433)	22%	55%	17%	4%	2%
30代 (n=452)	20%	58%	15%	5%	2%
40代 (n=469)	15%	63%	15%	7%	1%
50代 (n=480)	14%	60%	18%	6%	2%
60代 (n=496)	12%	55%	17%	12%	4%

消費者はレビューをどの程度参考にするか (5-1-1)

出典：平成28年度版 情報通信白書

▶ 本書での「クチコミ」の定義について

クチコミ（口コミ）とは、「人の口から口へと個別的に伝えられるコミュニケーション」を指し、マス・コミュニケーションと対比される概念です。本来は人から人へ伝達される局所的なコミュニケーションの意味ですが、**消費者生成メディア**（**CGM**：Consumer Generated Media）と呼ばれるブログや掲示板などが登場し、**ユーザー生成コンテンツ**（**UGC**：User Generated Contents）が生まれたことによって、私たち個人が不特定多数の人々に対して情報発信することができるようになりました。本書で述べる「クチコミ」は、CGM上に投稿されたUGCであるテキストを指しています。

本章では、こうしたクチコミを集計してコンピュータによる自然言語処理を介し、統計手法を用いて探索的に分析する手法を紹介します。膨大な数のクチコミデータから、消費者が商品に言及した内容の偏りや、年齢や性別などの属性単位での傾向を分析することで、どのような属性にどのような訴求を行えば、企業にとって有効であるかを検討していきます。

▶ YouTube調査とクチコミ調査から動画制作を行う

企業のプロモーションは商品やサービスの機能性や利便性など企業側が伝えたい内容が中心ですが、クチコミは商品やサービスへの消費者側からの視点です。クチコミを集約して分析を行うことで、消費者が商品に対してどのような感想を持つのか、どこを評価したのか、なぜ購入したのかといった傾向をつかむことができます。商品が売れている理由や消費者の購入理由について、感覚ではわかっているとしても、それは宣伝担当者の主観である場合も多いでしょう。

これまで、YouTube上で動画プロモーションを行う際には、動画を制作する前に行う**事前調査**が重要であると説明してきました。事前調査では、ユーザーの検索キーワードの傾向を調べることで、彼らが抱える悩みや課題を推測してきました。悩みや課題は、キーワードの検索量からだけでなく、クチコミからも推測することができます。クチコミの傾向を分析して動画プロモーションに役立てることが、動画制作におけるクチコミ分析の主な目的です。

YouTube上での事前調査の結果から、どのカテゴリの動画を、どの順番で制作すべきかがわかりました。次は、動画の中で訴求すべき要素を検討する必要があります。クチコミ分析によって消費者の視点を動画制作に取り入れることで、広報PR・マーケッターはより適切な判断や意思決定が可能となります。

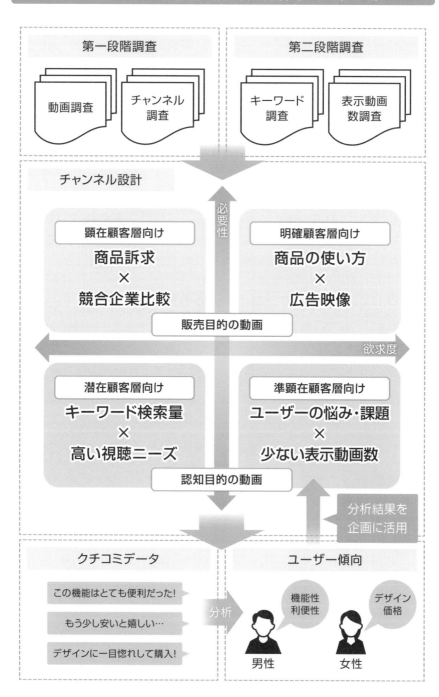

Chapter 5

2

クチコミは広報PR・マーケッターへ気づきを与えてくれる

● ユーザーがなぜその商品を購入するに至ったのかを検討する
● クチコミ分析でユーザーが言及するポイントを押さえてプロモーションに活用する
● 言葉の繋がり方を可視化することでクチコミ全体を俯瞰できる

▶ 消費者が魅力的に感じている要素を把握する

　企業は消費者にアンケートを書いてもらうことによって、商品やサービスに対する消費者の感想を集めることがあります。電話やメールなどによる問合せを集計して、どの商品にどのような問い合わせ内容が多いかを検討することもあります。たとえば、商品の取扱いに関する問合せが多い場合は、Webサイトに情報を掲載したり、解説動画を制作して対応する企業も多くあります。

　多くの企業では、商品やサービスについてのクチコミの確認を行っていますが、それらを集計してユーザーの意見や感想の傾向をつかむことも、広報担当者やマーケティング担当者にとっては重要です。

　商品の購入理由は、価格を重視したり利便性や機能性を重視したりなど、ユーザーによってさまざまです。どのようなユーザーが、どのような目的で、どのような要素に魅力を感じて購入に至ったのかを知ることは、企業の動画プロモーションだけでなく、宣伝活動においても有益な情報となります。

冷蔵庫をテーマとしたインターネット掲示板（5-2-1）

> 953 目のつけ所が名無しさん (ﾜｯﾁｮｲW fb76-e7Db) 2020/10/16(金) 15:46:22.62 ID:hmvDLzYc0
> 俺のアクアの冷蔵庫、左右のスペース30mmと40mm要るんだぜ！スゲえだろ！！
>
> 954 目のつけ所が名無しさん (ﾜｯﾁｮｲ 0fbb-ntOo) 2020/10/16(金) 15:58:57.98 ID:4VGR6P9v0 >>955
> なんで左と右で空き寸法がちがうのだろう？
>
> 955 953 (ﾃﾝﾃﾝﾃﾝﾃﾝ MM7f-e7Db) 2020/10/16(金) 18:19:03.82 ID:QxGO+tAyM
> >>954
> 分かんねぇ。ちょっと前の機種だけどな。
>
> 956 目のつけ所が名無しさん (ﾜｯﾁｮｲ 0fbb-ntOo) 2020/10/16(金) 19:12-06.94 ID:4VGR6P9v0 >>957
> 天板とか側面は若干凹凸のある塗装が鉄板だけど　もっと波板みたいに表面積を
> 広げたらどうだろ？すきまは狭くできるだろか？

インターネット掲示板では商品ジャンルやカテゴリを限定した会話がされていることがある。

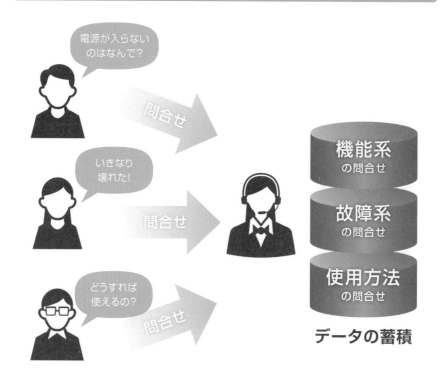

電源が入らない
のはなんで？

問合せ

いきなり
壊れた！

問合せ

どうすれば
使えるの？

問合せ

機能系
の問合せ

故障系
の問合せ

使用方法
の問合せ

データの蓄積

▶ 広報PR・マーケッターに気づきを与えてくれる

　クチコミの分析を行うと、どのような商品やサービスであっても、消費者が言及するテーマはおおよそ4〜5つに分かれます。たとえば、デザイン性、機能性、日常での用途、購入の理由などです。これらは消費者が商品を見るポイントであり、購入を判断する際の重要な指標です。企業の宣伝・広報活動においては、商品プロモーションを行う上での気づきとなります。この気づきは、すでに感覚的に認識していたこともあるでしょうが、想定外の要素が消費者の購買行動に影響を与えていたということもあります。

　また、分析によって、クチコミをただ読んだだけでは気づかなかった「言葉の使い方」や「言葉の繋がり」に気づくこともあります。「言葉の使い方」とは、ある単語について、似たパターンで出現する他の単語があるか、あるとすればどんな単語かといった、各単語の使用傾向をいいます。また、「言葉の繋がり」とは、単語同士の共起度をいいます。たとえば、ブラックコーヒーに関する口コミの文章中に、「味」と「苦い」が

一緒に出現する傾向がある場合、この2つの単語は共起度が高い、つまり言葉の繋がりが強いということになります。

　このような分析によって、クチコミを数値として把握したり、可視化することができます。

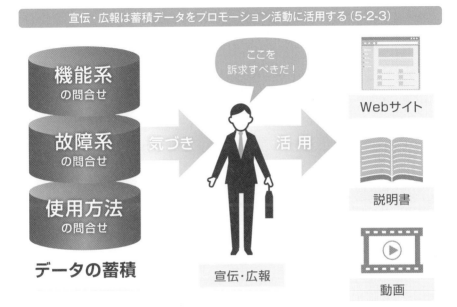

宣伝・広報は蓄積データをプロモーション活動に活用する（5-2-3）

ここを
訴求すべきだ！

機能系
の問合せ

故障系
の問合せ

使用方法
の問合せ

データの蓄積

気づき　活用

宣伝・広報

Webサイト

説明書

動画

Column　**感覚でわかっていることを具現化する**

　クチコミ分析を行うと、肌感覚でわかっていたことが、言葉の繋がり方や出現する量などで具体化されることがよくあります。

　たとえば「ヘアアイロン」のクチコミでは、「温度」という言葉が頻出しており、次に「早い」「ストレート」「カール」の順に出現しています。ヘアアイロンの商品を訴求するときに、温度について伝えることが重要であることは感覚としてわかりますが、このことを数値として把握することで、より具体的に実感することができます。

　クチコミ分析は、何がユーザーから重視されているかを明確化して、それを動画制作やマーケティングに携わるメンバーの共通認識とするためにも活用できます。

3 クチコミ分析でできること

- クチコミによって得られるデータは異なる
- どのような分析を行うかについてまずは検討する必要がある
- 消費者の属性単位で分析することで各属性の傾向が把握できる

▶ クチコミ次第で分析データが異なる

クチコミ分析では、どのようなクチコミを対象にするかによって、得られる結果が異なります。たとえば、オンラインショッピングサイトに掲載された商品へのクチコミを対象とすれば、購入理由、価格、多く言及される点など、その商品に関することがわかります。インターネット掲示板に書き込まれたテキストを対象とすれば、ユーザーがどのような話題を取り上げる傾向にあるかがわかります。多くの掲示板では、一つの商品についてよりも、「パソコン」「家電」など幅広いテーマについて語られています。

また、クチコミサイトは、会員登録をして投稿する場合が多く、年齢や性別など投稿者の属性も同時に得られることがあります。インターネット掲示板は、会員登録をせず気軽に投稿できるものであり、投稿者の属性まで得られることはあまりありません。このようなメディアの仕様や特徴を理解した上で、どのような分析を行うかを事前に決める必要があります。

▶ 広く分析するときは掲示板で、商品を分析するときはクチコミサイトを活用

クチコミ分析は、ユーザーが投稿しているテーマの広さによって、結果が変化します。たとえば、ノートパソコンをテーマにしたインターネット掲示板であれば、ノートパソコンについて消費者が注目する点を分析することができます。ノートパソコンの各商品をテーマにしたクチコミサイトであれば、各商品に対するユーザーの意見や感想を分析することができます。

企業がYouTube動画の企画を検討するときは、インターネット掲示板の分析結果と、クチコミサイトの分析結果を使い分けるようにします。たとえば、おすすめ商品の紹介動画であれば、インターネット掲示板を参考にし、消費者がどこに興味を示すのかを中心に分析するとよいでしょう。一方、新商品の紹介動画であれば、レビューサ

イトを参考にし、ユーザーが購入時に注意している点や評価されているところを把握した上で、訴求点を決めていくとよいでしょう。

掲示板やレビューサイトでは掲載されている情報が異なる（5-3-1）

2：**名無しさん**：2020/07/07(火) 10:35:54
■■■■■■■■■■■■■■
■■■■■■■■
■■■■■■■■

3：**名無しさん**：2020/07/07(火) 10:55:20
■■■■■■

4：**名無しさん**：2020/07/07(火) 11:15:14
＞＞3
■■■■■■■■■
■■■■■■■

5：**名無しさん**：2020/07/07(火) 11:25:10
■■■■■■■■
■■■■■■■

6：**名無しさん**：2020/07/07(火) 12:05:55
■■■■■■■■■■■■■■

■■■■■■■■■■

メカニカルキーボード	★★★★★ 4.50　価格**4,500**円

●●●さん
30代 女性 購入者
レビュー投稿 144件

★★★★★ **5**
■■■■■■■■■■■■■■
コンパクトで使いやすい！
■■■■■■■■■■■■■■■■■■■■■■■■
■■■■■■■■■■■■■■■■■■■■■■
■■■■■■■■■■

●●●さん
20代 男性 購入者
レビュー投稿 23件

★★★★★ **5**
■■■■■■■■■■■■■■
お手頃な値段がいい
■■■■■■■■■■■■■■■■■■■■■■■■
■■■■■■■■■■■■■■■■■■■■■■
■■■■■■■■■■

▶ 消費者を属性単位で分析

クチコミサイトに投稿されたクチコミを分析することによって、購入の理由やきっかけなど、消費者の購買傾向を把握できます。たとえば家電であれば、使用中のものが壊れてしまったとか、使用中のものに不便を感じていたなどです。

サイトによっては、投稿者の年齢や性別が記載されている場合があります。年齢や性別によって「どんなことを気にするか」「どんな言葉を使っているか」などを分析すると、商品の利便性や魅力を感じるポイントに差が出ることがあります。このような場合は、動画プロモーションにおいても、登場人物やシーンを変えることを検討する必要があります。

クチコミを分析することによって、ユーザーの状況や商品の使われ方を把握することは、動画プロモーションにおいて、出演者の選定や状況の設定、商品の解説項目を決める上での重要な資料となります。ユーザーからの共感を得たり、ユーザーに自分と関係があると認識してもらうために、クチコミ分析の結果を考慮した上で動画を制作することが大切です。

YouTube市場調査とクチコミ分析の棲み分け

YouTube市場調査では、動画やチャンネルなど、すでにYouTubeに公開されている情報を集めました。企業がYouTube動画を検討する際に、これらの情報を活用することはイメージしやすいでしょう。

一方、クチコミ分析は、YouTube動画の活用に直結しているわけではありません。そのため、クチコミ分析から得られた結果を直接タイトルやサムネイルに反映するといったことはあまりしません。

YouTube市場調査とクチコミ分析の棲み分けとして、YouTube市場調査は動画の企画を検討するための情報であり、クチコミ分析は動画の中身を検討するための情報であると捉えておくとよいでしょう。クチコミはユーザーの直接的な情報発信であるため、動画プロモーションにおいて、何を訴求すべきかを具体的に捉えやすくなります。またクチコミ分析の結果は、動画の出演者や状況について検討する際にも参考になります。

資料作成に使えて、
軽いパソコンが
欲しい

仕事用

インターネットが
できれば良い。
安い方がいい。

普段使い

パソコン

初めて買うから
何が良いのか
知りたい

学校用

ユーザー属性によって商品に対して求めるものは異なる。クチコミは商品に対する感
想をまとめたものである。属性単位でクチコミの傾向を把握することは動画プロモー
ションを行う上で押さえておくべき訴求ポイントを明確化する点で役立つ。

4 クチコミ分析の流れ

- ●分析対象となるテキストデータをバランス良く準備する
- ●まずはテキストデータ全体を俯瞰して分析することで全体像を捉える
- ●ユーザー属性などの分析を行うことでプロモーションの訴求点を把握する

▶ テキストデータの収集とクリーニング作業

　クチコミ分析を行う際は、何を目的とするかをまず決める必要があります。オンラインショッピングサイトやインターネット掲示板などのメディアによって、クチコミの性格も異なるため、調査目的に合わせてメディアを選ぶ必要もあります。たとえば、商品についての消費者の感想を調べるときは、複数のメディアからクチコミを収集します。年齢や性別の傾向を調べるときは、それらのデータを含むメディアからクチコミを収集します。

　また、商品のカテゴリ単位で消費者の傾向を調べるときは、複数の商品のクチコミをバランスよく収集する必要があります。たとえば、10商品を1つのカテゴリとする場合、2～3の商品について数千件のクチコミを収集し、残りの商品については数百件のクチコミを収集しては、適切な分析結果が得られなくなります。なお、テキストデータを収集・分析するにあたっては、それぞれのメディアの利用規約と著作権法を遵守します。

　収集したテキストデータは、分析できるように、目的と関係のない文字を除去したり、ユーザーによって異なる表記を統一するなど、クリーニング (洗浄) 作業を行う必要があります。精度の高い分析を行うために、テキストデータの収集後は必ずクリーニング作業を行います。

レビューサイトのクチコミ数の例（5-4-1）

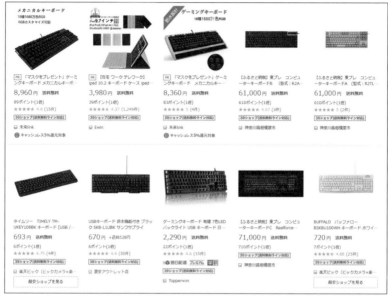

https://search.rakuten.co.jp/search/mall/%E3%82%AD%E3%83%BC%E3%83
%9C%E3%83%BC%E3%83%89/

クチコミは商品によって件数が異なる。分析目的に応じて適切な件数を分析する必要
がある。

▶ 全体像を把握し、細かな分析を行う

　クチコミ分析の利点は、膨大な量のテキストデータを俯瞰できることです。最初か
ら細かい分析を行うのではなく、まずはどんな感想があるか、どんな言葉が使われて
いるのかといった全体の傾向がつかむことが大切です。

　テキストデータの全体像をつかむことで、ユーザーがどのようなテーマについて言
及しているのかを把握できます。そして、機能性について言及するときはどのような
単語が使われるのか、デザイン性について言及するときはどのように表現されている
のかなどをおおまかに分類することで、動画プロモーションの対象としている、商品
の訴求すべきポイントを把握することができます。

▶ 特徴的な言葉を中心に細かな分析を行う

テキストデータを俯瞰して把握した後は、目的に応じて詳細な分析を行います。たとえば、ある言葉が想定よりも多く出現した場合は、その言葉の周囲で使われている別の言葉があるかどうかや、企業が訴求したいポイントについての言葉が見られる場合は、ユーザーが実際にその言葉をどのような文脈で使用しているのかなどを調べます。細かな言葉の繋がりを分析した後は、ユーザーが実際にどのような投稿をしているのかを確認し、それぞれの文脈で使われている言葉の意味への理解を深めます。

クチコミ分析では、まずテキストデータの全体像を把握し、その中でとくに多く使用されている言葉や訴求ポイントになりそうな言葉があれば、「その言葉と一緒によく使われる言葉は何か」または「その言葉と一緒に使われにくい言葉は何か」といった、言葉の使われ方について詳細を調査します。

 Column　**YouTubeにどんな動画企画があるか分析する**

クチコミ分析の手法は、文章や文字を分析するためのものですが、YouTube動画の分析にも応用できます。

たとえば、YouTube市場調査で動画を調べる際、どのような動画が多いかを目視によって確認すると、どうしても調査者の主観が入ってしまいますし、調査や結果のまとめにも多くの時間がかかってしまいます。

クチコミ分析の手法を応用すると、あるキーワードでの検索結果画面にどんな動画の企画があるのかといった傾向を簡単に把握することができます。商品であれば、開封動画が多いのか、比較検証動画が多いのかなどを調べることもできるでしょう。

様々なキーワードの検索結果を分析することで、異なる動画企画を組み合わせて一つの企画として検討することもできます。クチコミ分析の手法によって分析することで、動画企画を具体化するスピードを早めたり、企画のバリエーションを出すときに役立ちます。

分析者

Webサイト

機能性 便利
価格 初めて デザイン
リピート 満足
買う

テキストデータの全体像を把握

男性ユーザー

女性ユーザー

機能性
便利
価格

デザイン

満足

買う　　初めて

リピート

ユーザー属性で
詳細を分析

Chapter 5

5 YouTube 活用における クチコミ分析の位置付け

- クチコミで話題になっていることを動画プロモーションに活用する
- 企業が伝えたいメッセージをユーザーの言及傾向から訴求方法を考える
- 動画内で伝えるメッセージは限定したほうがよい

▶ オンライン動画は手段的目的として視聴される

テレビCMなど従来型の映像は、視聴者にとっては何かを選択するということのない受動的なメディアですが、YouTubeは、視聴者自身が視聴する動画を選択し、さらに見たいシーンなどを選ぶことができる能動的なメディアです。

Bondad-Brown (2012) らのテレビとオンライン動画視聴に関する研究によると、テレビがエンタテインメントを目的として視聴される一方で、ユーザーなどが共有するオンライン動画は「手段」や「情報」を目的として視聴される傾向にあるとしています。

企業の動画プロモーションでは、商品の機能や使用方法など、主に「情報」を訴求します。「動画を見たけど知りたい情報がなかった」といったことを防ぐためにも、ユーザーが商品やサービスについて購入時に何を気にかけ、どのような状況で使用するのかを把握した上で動画を制作することが重要です。

 Column クチコミの分析結果はチャンネル設計にも役立つ

チャンネル設計を行うときにベースとなる情報は、基本的にYouTube市場調査によって得られた情報です。企業は自らが目的とするプロモーションや販促効果を期待しつつ、YouTubeにおいて頻繁に検索されるキーワードや、他のチャンネルが公開している動画の傾向などを把握して、チャンネル設計を進めていきます。

チャンネルの運用方針が固まったら、次のステップとして、チャンネルで公開する動画に「決まりごと」を定める必要があります。すべての動画に共通する情報やシーンなどの決まりごとを定めると、チャンネル全体として動画の統一感を出しやすくなります。クチコミの分析結果は、このような決まりごとを定めるときにも役立ちます。ユーザーが各商品に共通して持つ意見や感想は、動画に共通して含めるべき情報であると判断できます。

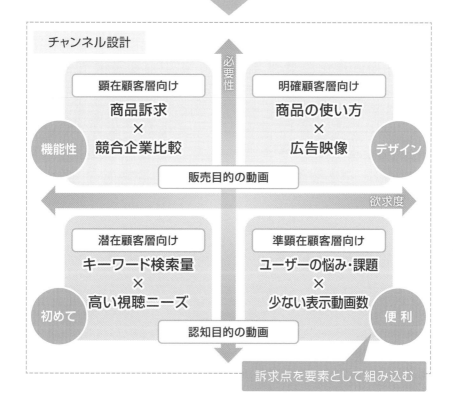

分析結果

機能性
便利
価格

デザイン
満足

買う
初めて
リピート

チャンネル設計

必要性

顕在顧客層向け
商品訴求
×
競合企業比較

明確顧客層向け
商品の使い方
×
広告映像

機能性

デザイン

販売目的の動画

欲求度

潜在顧客層向け
キーワード検索量
×
高い視聴ニーズ

準顕在顧客層向け
ユーザーの悩み・課題
×
少ない表示動画数

初めて

便利

認知目的の動画

訴求点を要素として組み込む

▶ 1本の動画に組み込むメッセージは限定すべき

プロモーション動画では、ユーザーが求める情報だけでなく、企業がユーザーに伝えたい情報もわかりやすいメッセージとして伝える必要があります。クチコミ分析によってユーザーの意見や感想、ニーズなどを把握しましたが、こうしたユーザーの傾向に対して、企業として伝えたいメッセージをどのように動画に組み込むかを検討します。

商品の情報やメリットを伝えることは大切ですが、すべてを1本の動画に組み込むと、ユーザーの購買意欲を低下させてしまう可能性があります。私たちは少なすぎる選択肢に不満を持つこともありますが、同様に多すぎる選択肢を提示されても意思決定がしづらくなります。

Iyengar and Lepper (2000) は、**選択肢過多** (choice overload) が意思決定をする動機に大きな弊害をもたらす可能性があるとしています。実験では、スーパーマーケットで試食展示販売されている1ドル引きのクーポンが利用できるジャムを対象に、試食の選択肢の数を操作して売れ行きを比較しました。ジャムを6種類としたときは、試食した客のうち約30%がクーポンを利用してジャムを購入しました。しかし、24種類に増やしたときは、より多くの人が試食をしたものの、試食した数は6種類のときと変わらず、購入に至った割合は3%まで落ち込んだとあります。24種類では選択が難しく、試食者に苛立たしい傾向が見られ、最終的な満足度は低かったとあります。

多くの選択肢を提示すると、その数だけ注意を払わなければならず、意思決定に負荷をかけてしまうことになります。動画プロモーションにおいても、1本の動画に複数のメッセージを入れると、商品紹介としては完成しますが、ユーザーによっては不要な内容が入ってしまうことも確かです。1本の動画に10の機能説明があっても、あるユーザーにとって必要な機能が3つであった場合は、この3つの機能を掘り下げて訴求することが、すべての機能を訴求することよりも重要です。

ユーザーが知りたい情報と企業が伝えたい情報を合致させることで、企業にとってもユーザーにとっても、より効率の良い動画プロモーションを行うことができます。

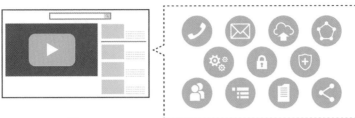

機能が多すぎて何が
大切か分からない！

ユーザー

商品の選択を避ける

電話とメールと
クラウドサービスが使える！

ユーザー

理解できるため商品を検討できる

ユーザーは複数の機能を1度にすべて理解できるわけではない。ユーザーは彼らが必要
とする情報のみを求めているため、訴求点を限定する方が商品の魅力が伝わりやすい。

Chapter 5

6 クチコミ分析に使用する ツール（KH Corder）

- テキストデータに頻出する単語を把握できる
- 単語の位置関係や繋がりについて俯瞰した分析ができる
- ユーザー属性など指標単位で使用される単語の分析ができる

▶ KH Coderとは

　クチコミ分析を行うツールとして、本書では**KH Coder**を使用します。KH Coderは、立命館大学の樋口耕一教授よって開発されたオープンソースのフリーソフトウェアで、ビジネスや学術研究分野まで幅広いユーザーに支持されています。公式Webサイト（https://khcoder.net/）からダウンロードでき、サイトには主な機能や分析の手順、使い方のチュートリアルも掲載されています。

　KH Coderは、テキストマイニングで一般的に使用されるRやPythonなどの言語を使用することはあまりなく、グラフィカルユーザーインターフェース（Graphical User Interface：GUI）で操作できます。以下、KH Coderを用いたテキスト分析の方法と、動画プロモーションへの分析結果の活用法を説明していきます。

▶ KH Coderでできること

　KH Coderは、テキストファイルまたはExcelファイルのテキストデータを分析することができます。KH Coderに分析するファイルを読み込み、形態素解析ソフトウェアである「茶筌［ちゃせん］」もしくは「MeCab」を選択してテキストデータの**形態素解析**を行います。形態素解析とは、意味を持つ最小の言語単位である形態素を対象とした自然言語処理の解析プロセスです。具体的には、文章を単語に分割し、それぞれの単語に品詞を付与して、単語の原型を復元することを意味します。

　テキストデータの中には、たとえば商品名やブランド名などで、辞書に掲載されていないような不明な単語が出現することがあります。こうした単語は、あらかじめ単語の抽出を指定しておくことで、適切に分析することができます。

　KH Coderには、テキストデータを分析するためのさまざまな機能があります。ここでは、その中で基本となる**抽出語リスト**、**多次元尺度構成法**、**共起ネットワーク**、**階層的クラスター分析**、**対応分析**を使用して分析を行います。これらの機能により、テ

キストデータの中で使用される頻度の高い言葉や、テキストデータ全体としてどのようなテーマが言及される傾向にあるかなどを把握することができます。また、テキストデータによっては、年齢、性別といったユーザー属性を指標として、それぞれの属性でどのような言葉が使用される傾向にあるかを分析することもできます。

KH Coder 公式 Web サイト（5-6-1）

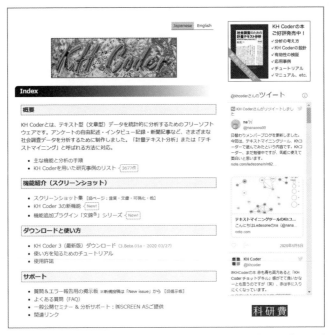

https://khcoder.net/

KH Coderのサイトでは、ソフトウェアのダウンロードができるほか、チュートリアルによってKH Coderの基本的な使い方を学ぶことができる。ソフトウェア利用者から投稿される掲示板には実務的な質問もされており、参考になる情報が多く掲載されている。

どんな言葉が多く出現しているかを調べる

- 「頻出語リスト」はテキストデータに頻出する単語を把握する
- ユーザーがどのような単語を多く使用するかを知る
- 「ヘアアイロン」に関するテキストデータには「髪」のほかに「早い」が頻出する

▶ 言葉の出現頻度からテキストデータの全体像を把握する

クチコミ分析では、どのような言葉が出現する傾向にあるか、まずテキストデータの全体像を把握します。それぞれの単語の出現頻度は、KH Coderの**抽出語リスト**というコマンドによって確認することができます。

単語の出現頻度の確認は、そのテキストデータにおいてユーザーがどのような言葉を使用する傾向にあるのか、どのような言葉を多く使うのかを把握することを目的に行います。頻度語は一般に、商品と関係性の強い単語や、「使う」「思う」といった使用や感想に関する動詞が多くなります。頻出語を確認することで、分析すべき言葉を把握でき、クチコミを投稿したユーザーの商品購入時の状況を文脈として理解することができます。

頻出語の把握は、分析開始前の情報整理にも役立ちます。たとえば、頻出語の上位に「価格」や「高い」「安い」などが出現していれば、価格への言及が多いことがわかりますし、「便利」や「コンパクト」などが出現していれば、製品の特徴への言及が多いことがわかります。頻出する単語の傾向から、どのようなテーマが言及される傾向にあるのかを推測することができます。

▶ ヘアアイロンの頻出語から言及傾向を把握する

具体例として「ヘアアイロン」を取り上げてみます。1つの商品ではなく、複数の商品を対象にクチコミ分析を行います。

まず、多く出現する単語に「使う」「購入」「思う」があります。これらは商品に関するクチコミのテキストデータに比較的多く出現する単語です。次に「髪」の出現頻度が高いことがわかります。ヘアアイロンのクチコミなので、髪の毛に言及されていることがわかります。また、「温度」という単語も多く出現しています。ヘアアイロンを使用するユーザーは、温度を気にする傾向がうかがえます。

　7番目に多い「早い」については、より詳細に確認する必要があります。「温度が高くなるのが早い」という文脈も考えられますが、ECサイトの場合は「発送が早い」「対応が早い」といった文脈でも多く使用されるからです。「早い」という単語の前後にどのような単語が出現するのかを確認することで、どのような文脈で使っているかがわかります。

▶ 分析対象とする候補の言葉を選ぶために頻出語を参考にする

　このように、出現頻度の高い単語を確認することで、クチコミのテキストデータ全体としてどのようなことに言及しているのか、どのような言葉が使用されているのかを把握します。

　「温度」については、より詳細に分析を進め、ユーザーがヘアアイロンの温度についてどのようなことに言及する傾向にあるのか、「早い」という単語と関連性があるのかなどについて分析する必要があります。ほかにも、「ストレート」や「カール」といった利用用途を述べた単語や、「壊れる」といった購入と関係性の強いと考えられる単語を分析することも有益です。

Column　分析する言葉を早く見つける

　クチコミ分析では、言葉の使われ方や言葉同士の繋がりについて、深く分析しようと思えば、いくらでも分析することができます。しかし、分析にかけられる時間には限りがあるので、ある程度のところで結論を出さなければなりません。

　出現頻度の高い言葉は、ユーザーからの注目を集めやすい言葉なので、どのように使われているかを優先的に分析することが大切です。

　すべての言葉を分析することは現実的ではありません。ユーザーからよく使われる単語を中心に、なるべく短い時間でクチコミの分析を行うことを心がけましょう。

抽出語	出現回数	抽出語	出現回数	抽出語	出現回数
使う	23807	挟む	1638	毎日	959
購入	14265	デザイン	1630	ボタン	954
思う	11007	綺麗	1621	他	946
髪	10254	ブラシ	1602	スイッチ	931
温度	8034	ストレートアイロン	1597	買い物	931
アイロン	6781	巻ける	1582	不器用	915
早い	6448	セット	1542	滑り	911
良い	6415	ツヤ	1537	違う	898
使用	6367	今回	1503	調節	889
買う	5346	コード	1502	使い勝手	888
ストレート	5260	旅行	1454	楽	887
商品	5095	小さい	1420	大変	881
カール	4979	見る	1405	色	880
満足	4442	サイズ	1394	太い	870
巻く	4375	タイプ	1371	32mm	868
今	3871	コンパクト	1358	普通	848
使える	3216	サラサラ	1352	練習	837
出来る	3101	大きい	1312	悩む	827
持つ	3067	高い	1302	悪い	812
安い	3066	言う	1300	仕上がり	810
値段	3022	ヘア	1289	期待	799
時間	2955	本当に	1277	きれい	798
コテ	2865	プレート	1266	ピンク	793
温まる	2848	出る	1247	必要	790
ヘアアイロン	2789	ボブ	1244	早速	788
軽い	2779	問題	1244	価格	772
壊れる	2572	探す	1242	付く	770
簡単	2513	欲しい	1242	質	763
少し	2456	手	1232	もう少し	758
感じ	2395	細い	1202	本体	754
熱い	2336	高温	1201	パーマ	747
スタイリング	2258	クレイツ	1173	到着	741
上がる	2227	ショート	1161	オススメ	732
気	2180	自分	1134	海外	729
長い	2160	火傷	1112	内巻き	709
朝	2150	多い	1103	愛用	706
部分	2142	くせ毛	1075	年	696
前髪	2075	可愛い	1074	安心	687
毛	2058	嬉しい	1068	重宝	683
髪の毛	2041	入れる	1047	傷む	675
設定	2014	忙しい	1043	強い	674
以前	1977	迷う	1026	癖	674
初めて	1914	プレゼント	1021	楽しむ	671
前	1888	ミリ	1019	入る	668
美容	1877	短い	1014	カール	663
気に入る	1799	重い	1008	機能	661
便利	1796	ドライヤー	983	比べる	658
娘	1791	感じる	979	上手い	656
慣れる	1765	心配	978	喜ぶ	655
電源	1699	ロング	968	スピード	645

Chapter 5 - 8 単語と単語の位置関係を調べる

- 単語の位置関係から類似度やユーザーに言及されるテーマを俯瞰できる
- 動画プロモーションとしてどのような要素やテーマを訴求できるか検討できる
- 「髪」の言及だけでなく、「旅行」や「コンパクト」など携帯性も言及される

▶ 各単語の相対的な位置関係を分析する

多く出現する言葉の傾向から、ユーザーが言及することが多いテーマが把握できました。しかし、単語の出現頻度だけでは、それぞれの単語の位置関係まではわかりません。KH Coderでは**多次元尺度構成法**というコマンドにより、それぞれの単語の相対的な位置関係を可視化することができます。

多次元尺度構成法では、テキストデータ全体で見たときの、出現パターンの似た単語の組合せが把握できます。コマンドにより、出現パターンの似た単語が布置され、同時に単語が色分けされてグループに分類されます。色分けされた各グループを見ることで、ユーザーが話題に上げるテーマがつかめるので、プロモーション動画の中で訴求すべきポイントをつかむことができます。

ある商品について、デザイン面や機能面、コンパクトさや軽さなど、ユーザーが評価しているポイントは様々です。すべての特徴について評価している場合もあれば、コンパクトさだけを評価している場合もあります。多次元尺度構成法で得られる単語の出現パターンと色分けによる分類から、ユーザーが商品に対して注目しやすいポイントを発見することができます。

▶ 単語の類似性から言及傾向を分析する

ヘアアイロンに関するクチコミデータの各単語の関係性を見ていきます。図5-8-1の①には、クチコミに多く出現する単語が集まっています。「使う」「購入」や「髪」「カール」「ストレート」といった単語が出現しています。ほかにも「時間」が近い位置にあることがわかります。商品を使用する時間、もしくは出現頻度の高かった「温度」と関連性がありそうです。

図の②には、「旅行」「コンパクト」といった携帯時の利便性に関する単語が見られます。図の①に位置している「軽い」が、②の単語らと近いことから、ヘアアイロンを

旅行先に持っていくときの軽さについて言及されていることが考えられます。

　図の③には、「値段」のほかに「以前」「壊れる」「今回」といった単語が出現しています。これまで使っていたヘアアイロンが壊れてしまったため、今回新しいものを購入したといった、購入に至った理由が考えられます。また、これらの単語と近い位置に、「デザイン」「コード」「電源」「気に入る」といった単語が出現しています。購入時に、デザイン性やコードの長さ、電源のオン・オフなどが検討されていると考えられます。

▶ 単語の位置関係から似た使われ方をする単語をいくつかのグループとして捉える

　図5-8-1の④には、「温まる」「設定」といった単語が位置しており、温度設定や温まる早さなどに言及されているようです。

　図の⑤には、「朝」「髪の毛」「簡単」といった単語が近いところに位置しており、ユーザーの利用状況について言及されていることが考えられます。

　図の⑥には、「ヘア」「セット」「ボブ」といった髪型についての単語が位置しています。「娘」という単語も特徴的で、親が娘に購入する、または娘と共にを使用するといったことが考えらます。「娘」のように、グループの他の単語と意味などが異なる単語については、実際のテキストデータを確認して、どのような文脈で使用されているかを把握することも大切です。

　図の⑦には、「慣れる」「挟む」「感じ」といった、ヘアアイロンの使用感に関する単語が集まっています。「スタイリング」という単語が位置していることから、使用感と同時にスタイリングについて言及されていることがわかります。

▶ 分類された単語のグループから動画として訴求するポイントを検討する

　図5-8-1のように、ヘアアイロンに関するクチコミテキストにおけるそれぞれの単語の位置関係から、動画プロモーションにおいては大きく7つの訴求項目を考えることができます。

　7つすべての項目を別々の動画にする必要はありませんが、いくつかを組み合わせて訴求することは有効です。ヘアアイロンの温度が上がる早さを訴求する場合は、朝の時間、親子での利用シーンを描くことで、視聴ユーザーからの共感を得られる可能性があります。コンパクト性を訴求する場合は、旅行シーンなど、ユーザーの利用状況を描くことで、視聴ユーザーが自分の使用状況を想像しやすくなると考えられます。

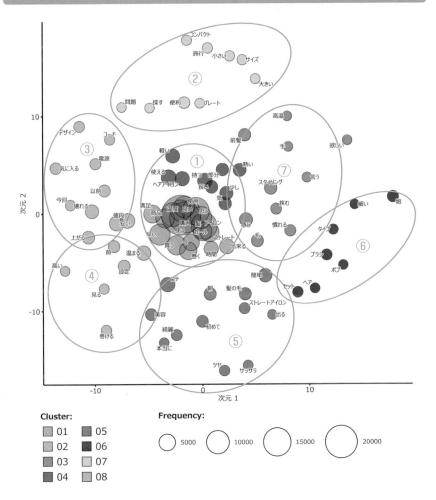

「多次元尺度構成法」の表示例（5-8-1）

次元 2

コンパクト

旅行　小さい　サイズ

②

大きい

問題　探す　便利　プレート

高温

デザイン　コード

③

電源

気に入る

前髪

手　欲しい

軽い

使える　持つ　部分

①

熱い

スタイリング　言う

ヘアアイロン　長い　少し

今回　壊れる　以前

満足　使用

気

挟む

細い　娘

⑦

値段

安い

商品　良い　思う

購入　髪　アイロン

上がる

早い　使う　カール

感じ

慣れる

タイプ

⑥

前　温まる

ストレート

毛

ブラシ

高い

④

設定

買う　時間

巻く　出来る

ボブ

セット　ヘア

見る

コテ

簡単

巻ける

朝　髪の毛

美容

ストレートアイロン

綺麗　初めて

出る

本当に

⑤

ツヤ　サラサラ

次元 1

-10　　　　　　　0　　　　　　　10

10

0

-10

Cluster:

□ 01　□ 05
□ 02　□ 06
□ 03　□ 07
□ 04　□ 08

Frequency:

○ 5000　○ 10000　○ 15000　○ 20000

各言葉の位置関係から、ユーザーが投稿したクチコミは、いくつかのテーマに分かれると言える。位置の近い言葉を確認することで、分析対象としているクチコミにどのようなことが書き込まれる傾向にあるかがわかる。KH Coderでは、言葉をクリックすると、その言葉を含むクチコミが表示される。文章を確認することで、その言葉がどのような文脈で使用されたのかを把握できる。

9 繋がりの強い言葉を分類する

- 単語の繋がりを分析することで共に出現する傾向ある単語を把握できる
- 「関連語検索」から特定の単語と繋がりの強い単語を分析できる
- 「買う」が「長い」と「コード」に繋がるためコードの長さも訴求点である

▶ 各単語の共起度を可視化する

　前節の多次元尺度構成法により、単語同士の位置関係を確認し、ユーザーの意見や感想を分類することができましたが、それぞれの単語が使用された文脈まではわかりません。クチコミを一つひとつ読んでいけば文脈はわかりますが、クチコミの量が多ければ限界があります。KH Coderでは**共起ネットワーク**というコマンドによって、各単語同士の共起度を可視化することで、ある程度文脈を読み取ることができます。

　共起ネットワークによる分析では、多次元尺度構成法で示されたそれぞれの単語が近くに位置しているかどうかだけでなく、それぞれの単語の共起度の強さを測定することができます。共起が強い単語同士が線で結ばれるため、テキストデータによっては、単語が散布図で表される多次元尺度構成法よりも、文脈を解釈しやすくなります。

　また、共起ネットワークは、**関連語検索**というコマンドにより、1つの単語とつながりの強い他の単語を把握することができます。たとえば、軽さを売りにした商品について検討する場合、「軽い」という単語と繋がりの強い単語は他にどのようなものがあるかがつかめます。特定の一語に限定して分析し、その単語と共起度の強い他の単語を把握することで、単語が使用される文脈を読み取ることができます。

▶ 単語の繋がりからユーザーの利用状況を推測する

　ヘアアイロンに関するクチコミデータの共起ネットワークを見ていきます。図5-9-1の①には、「満足」「値段」「安い」という単語が繋がっています。ユーザーが値段と満足度について投稿していることがすぐに想像できます。

　図の②には、「購入」から繋がる「壊れる」という単語があり、そこから「以前」「前」といった単語が繋がっています。これまで使っていたものが壊れてしまったことをきっかけに、商品の購入に至ったと考えられます。

　図の③には、「早い」が「温度」「買う」と「温まる」に繋がっています。ヘアアイロン

が温まる早さは、ユーザーが気にするポイントであり、それを訴求することで購買意欲を高めることができそうです。

図の④には、「買う」が「長い」「コード」へと繋がっています。ヘアアイロンの訴求として、コードの長さも重要な要素の一つであることがわかります。

図の⑤には、「カール」「巻く」が頻出単語と「出来る」「巻ける」に繋がっています。ユーザーが「カールも出来る」という利便性に言及していることがわかります。

▶ 共起ネットワークの中央から遠い位置の単語を分析

図5-9-1の⑥には、「火傷」「心配」という単語が繋がっており、ユーザーは「火傷」「心配」といった言及もしていることがわかります。ユーザーの不安を解消したり、火傷をしないヘアアイロンのかけ方を解説するなどの動画も、購入の後押しになる可能性が考えられます。

図の⑦には、「コンパクト」と「旅行」が繋がっており、そこから「小さい」「サイズ」と「手」「持つ」という単語が繋がっています。ユーザーが旅行先に持っていくときの利便性について言及していることがうかがえます。

図の⑧には、「朝」「忙しい」「時間」がそれぞれ繋がっており、朝の時間帯において、素早く使えることが評価に繋がる可能性が考えられます。

それぞれの単語の共起度の強さを分析することで、どの単語とどの単語の繋がりが強いのか、または単語同士がどのように繋がっているのかを把握することができます。多次元尺度構成法のみでは把握できなかった、それぞれの単語の繋がりを分析することで、ユーザーの利用状況や購入に至った状況を推測することができます。

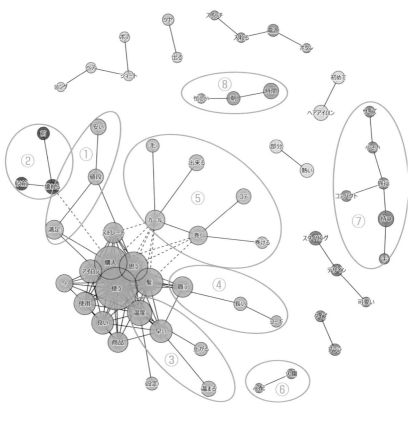

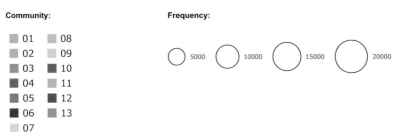

言葉の繋がり方から、それぞれの言葉が使用される文脈を把握できる。言葉の繋がりと位置関係がわかるため、動画の内容に付随させる情報を決めるときに役立つ。たとえば③と④は、ヘアアイロンの温度が上がる早さやコードの長さなど、ヘアアイロンとしての機能に関する言葉が近い位置にある。③の近くに⑥の火傷に関する言葉があることから、動画内で温度の説明をするときに、ワンポイントアドバイスとして火傷をしにくい使い方を解説するとよいと考えられる。

言葉同士の出現パターンの類似性を調べる

Chapter 5

10

- 出現パターンの類似性を把握することでクチコミの文脈把握へ繋がる
- 各単語がどのような出現パターンであるかを把握できる
- 「娘」など家族利用に関する傾向が見られる

▶ 階層的クラスター分析から単語の類似性を把握する

　共起ネットワークの分析では、各単語がどの単語と共起度が高いかを把握することで、単語と単語の繋がりからユーザーの利用状況や購入動機などを推測することができました。しかし、共起ネットワークによる分析は、クチコミの数が少ないと、すべての単語が相互に繋がってしまったり、逆に、強い偏りが出てグループが完全に分離してしまうことがあります。

　このようなときは、出現パターンの似通った単語の組み合わせを分析する際に**階層的クラスター分析**を行うと、各単語がどのような文脈で使用されているかを解釈しやすくなります。KH Coderでは**階層的クラスター分析**（クラスター分析）というコマンドによって、出現パターンの似ている単語を把握することができます。

　クラスター分析では、分析結果としてデンドログラム（樹形図）が出力されます（図5-10-1）。このデンドログラムは、左の方に縦で繋がるほど、出現パターンが類似していることを示します。クラスター分析は、分析結果を深読みするというよりは、ユーザーから投稿されたクチコミでそれぞれの単語がどのように使用されたのかを推測する際にヒントを与えてくれるものです。そのため、テキストデータを探索するための一つのプロセスとして役立ちます。

▶ クチコミでの各単語の文脈を推測する

　ヘアアイロンに関するクチコミデータのデンドログラムを見ていきます。図5-10-1の①には、「コード」「長い」が「巻ける」「コテ」「巻く」といった単語と繋がっています。コードの長さは、髪の毛の巻きやすさと共に言及される傾向があると考えられます。単語が繋がっているものとして、「旅行」と「小さい」という携帯性に関するものや、「髪の毛」と「挟む」という使用に関するものなども見られます。

　図の②には、「気に入る」と「娘」が繋がっており、家庭利用で娘が気に入って購入

に至ったことが考えられます。「娘」以外にも、たとえば「妻」や「母」、「友人」といった単語が繋がることもありますが、これはプレゼント目的であるケースが考えられます。このような場合は、関連語検索で「気に入る」という単語と共起度の高い単語を確認することで、「娘」以外の要因を確認することができます。

▶ ヘアアイロンの用途と利用状況について単語の出現パターンから推測する

図5-10-1の③には、「前髪」「セット」「ストレートアイロン」という単語がそれぞれ繋がっています。ヘアアイロンの用途として、前髪のセットが推測できます。さらに、これらの単語は図の②にある「気に入る」とも近いことから、前髪のセットへの効果が、「気に入る」という判断に繋がることも考えられます。

図の④には、「設定」「温度」「上がる」「温まる」「早い」「時間」「朝」といった、ヘアアイロンの利用状況と温度についての単語が並んでおり、ユーザーが朝の時間帯の使用において、ヘアアイロンが温まる早さに言及していることがわかります。

図の⑤には、「買う」「購入」「満足」といった、購入に対する満足度を表現する単語が位置しています。ヘアアイロンが設定温度に到達するまでの早さが、購入や満足度に影響を与えることが考えられます。

それぞれの単語がどのような文脈で使用されたかを把握することで、ユーザーの状況と、ユーザーがその状況で何を重視するかを推測できます。ユーザーの状況が推測できれば、動画中のシチュエーションをそれに近づけることで、ユーザーからの共感が得られ、メッセージの説得力を増すことができます。そして、ユーザーがその状況で何を重視するかが推測できれば、ユーザーが商品を評価するポイントを動画に盛り込むことができます。これらを動画の制作前に把握することで、動画の訴求力を高めることが可能になります。

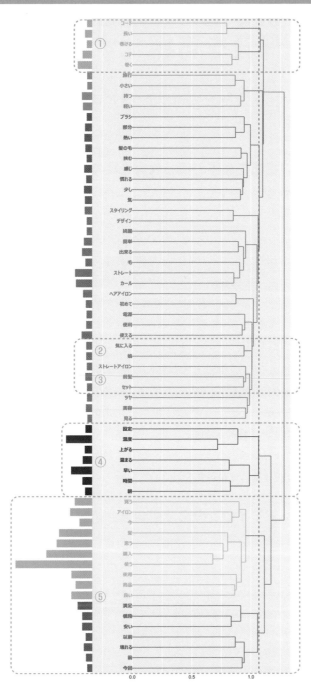

分析したい指標と言葉の関係性を可視化する

- 年齢や性別など分析指標を選択して言及傾向を分析できる
- 原点から遠い単語ほど特徴語として判断できる
- 20代では「巻く」が使用され、30代では「朝」や「ストレート」が言及される

▶ 分析したい指標で単語の使われ方を探索する

　オンラインショッピングサイトやインターネット掲示板などのメディアの中には、年齢や性別などのユーザー情報が記載されているものがあります。商品によっては、ユーザーの年代や性別によって重視する機能などが異なる場合もあります。KH Coderでは、**対応分析**というコマンドから、男性、女性、20代、30代などのユーザー属性を軸に分析することができます。

　対応分析では、出現パターンにとくに特徴のない単語が原点 (0, 0) に近い位置にプロットされ、指標を特徴づける単語ほど、原点から遠い位置にプロットされます。たとえば、図5-11-1は年齢を指標とした対応分析ですが、①について見ると、「巻く」「温まる」の方が、「コテ」よりも「20代」という指標を特徴づける単語であると判断できます。

　このように年齢や性別を指標にすれば、たとえば20代女性が抱く商品に対する意見や感想の傾向を知ることができますし、投稿日を指標とすれば、時期や季節による言葉の使われ方の違いを分析することもできます。ターゲットとするユーザー属性が商品に対して抱く意見や感想の傾向を動画制作前に把握することで、ユーザーに適した内容の動画を制作することができます。

▶ 年齢別でヘアアイロンの言及傾向を分析する

　ヘアアイロンに関するクチコミデータの対応分析結果を見ていきます。ヘアアイロンに関して年齢を指標としたときに、各年代のユーザーがどのような言及をする傾向にあるかを調べます。

　図5-11-1の①には、20代の投稿を特徴づける単語が並びます。「巻く」「巻ける」「コテ」といった単語から、他の年代と比べて20代はヘアアイロンで髪の毛を巻く傾向がうかがえます。「温まる」という単語もあり、ヘアアイロンが温まる早さについても言及する傾向がわかります。

図の②には、主に30〜40代を特徴づける単語があります。「朝」という単語がプロットされていることから、朝の外出前の利用は30〜40代が多いと推測できます。また、「前髪」「ストレート」といった単語があることから、前髪をストレートにするための利用が考えられます。この点においては、「巻く」という単語が多かった20代とは異なっています。図の②の下に位置している「ストレートアイロン」「ボブ」も、30〜40代を特徴づける単語と考えられます。

▶ 30代と40代の中間に位置する単語を分析

図の③には、「時間」「簡単」といった単語が含まれています。これらの単語の位置は30代より40代に近いことから、40代のクチコミテキストを特徴づける単語と見ることができます。ヘアアイロンを使う時間と、朝の時間を気にするユーザーは、とくに40代に多いと考えられます。

図の④と⑤には、10代、50代、60代を特徴づける単語があります。とくに「初めて」は、10代もしくは50〜60代に多く出現する単語であることがわかります。「旅行」も、20〜40代よりも、10代もしくは50〜60代を特徴づける単語と見ることができます。

年齢を指標とした場合、各年代のユーザーがクチコミに使う単語を分析することで、年齢層ごとの重視する点や言及傾向などを把握できます。KH Coderは年齢と性別の2つを指標とすることも可能です。目的に応じた指標を定めることで、各ユーザー層の言及傾向を把握することができます。

Column　オリジナルの指標を作って分析する

クチコミに性別や年齢などが含まれていれば、それらを指標として分析することができます。「30代に使われやすい言葉」といったように、年齢を指標として単語の使われ方を分析すると、ユーザーの人物像を描く手助けになります。

分析する指標は自分で決めることもできます。たとえば、YouTube検索の結果を分析する場合であれば、「1万再生以下の動画」「1万〜5万再生以上の動画」「5万再生以上の動画」というように指標を定めることで、視聴回数が多い動画はタイトルにどのような言葉を含む傾向にあるかなどを把握することができます。

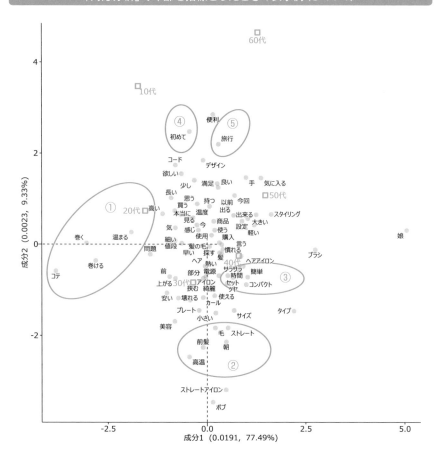

クチコミに使用する言葉は、ユーザーが商品に対して魅力を感じていたり、注目しているポイントと考えられる。使用する言葉はユーザーの年齢層によって異なるため、その傾向を把握することで、動画を企画するときにターゲット視聴者に合わせた情報を選定できる。年代を指標として得られた分析結果は、動画の中でのシチュエーションや出演者を決める上でも役立つ。

クチコミ分析は動画の企画にも役立つ

● クチコミ分析は動画で訴求すべきポイントを押さえるために役立つ
● YouTube検索するユーザーの属性推測に役立つ
● どのテーマの動画にどの要素を組み込むべきかについてより詳細に検討できる

▶ YouTube市場調査とクチコミ分析の役割

　動画プロモーションを行うにあたって、まずはYouTube上にどのような動画がすでに公開されているのか、業界と関連するチャンネルにどのようなものがあるかを調べました。次に、キーワードの検索量を調査して、どのようなキーワードがユーザーから検索されているのかを把握し、動画の視聴ニーズがどの程度あるかを調べました。さらに、各キーワードをYouTube検索して、どのくらいの数の動画が表示されるか、競合となる動画の数を調べました。

　これらの調査はユーザーの視聴傾向を把握するためであり、調査結果は主にチャンネル設計に活用しました。チャンネル設計とは、企業やブランドをまだ認知していないユーザーからの視聴を獲得し、彼らを販売目的の動画へ繋げる導線を検討することをいいます。

　こうした調査と設計は、プロモーションの枠組みを決めるためのものです。実際の動画の内容を検討するためには、ユーザーが商品やサービスのどのような点に言及する傾向があるのか、ユーザーの属性によってどのような点が訴求要素となるのかなどを検討する必要があります。そこで、ユーザー視点から見た商品の印象や購入理由を把握するためにクチコミ分析を行います。

▶ クチコミ分析を動画企画に役立てる

　クチコミ分析を進めると、YouTube上での調査だけでは把握できなかったユーザーの視点や訴求のポイントなどが見えることがあります。ヘアアイロンの例では、「朝いかに早く使えるか」が気にされていることがわかりました。このようなユーザーの商品使用に関する傾向は、YouTubeの検索キーワードなどから把握することは困難です。企業にとってのクチコミ分析のメリットは、ユーザーがどのように商品を利用しているかを知ることで、ターゲットユーザーをより深く理解できる点にあります。

クチコミ分析を行った後に、再度YouTube上でユーザーの検索キーワードを調査すると、さらに明確に彼らがなぜそのキーワードで動画を検索したのかを理解することができます。

　図5-12-1は、YouTubeにおける「ヘアアイロン」を含む上位30のキーワードのリストです。『ヘアアイロン おすすめ』や『ヘアアイロン 人気』などの次に、『ヘアアイロン ストレート』と検索されていることがわかります。これらを検索するユーザーは、クチコミ分析の結果を踏まえると、30〜40代の可能性が考えられるでしょう。『ヘアアイロン カール』は、20代のクチコミの中に「巻く」「巻ける」が多かったことから、20代の可能性が考えられます。

　キーワードの検索量を分析するだけでなく、クチコミの分析も合わせて行うことで、キーワードを検索するユーザーの年齢や性別など、人物像がイメージしやすくなります。動画を制作する前にターゲットとするユーザーが詳細にイメージできれば、動画の企画そのものや、動画内で商品の魅力をどのように表現して伝えればよいかが検討しやすくなります。クチコミ分析は、視聴したユーザーが共感しやすい内容の動画とするために行います。

「ヘアアイロン」を含むYouTube検索キーワードの一覧 (5-12-1)

● 2019年5月〜2019年10月

キーワード	平均検索量	2019年5月	2019年6月	2019年7月	2019年8月	2019年9月	2019年10月
ヘアアイロン	189,000	155,000	155,000	189,000	155,000	189,000	155,000
ヘアアイロン おすすめ	31,200	25,500	31,200	25,500	31,200	31,200	25,500
ヘアアイロン メンズ	17,000	13,900	13,900	17,000	13,900	13,900	17,000
ヘアアイロン 人気	13,900	7,600	13,900	13,900	7,600	11,400	17,000
ヘアアイロン ストレート	7,600	5,100	6,200	6,200	6,200	7,600	6,200
ヘアアイロン 使い方	7,600	7,600	7,600	7,600	6,200	7,600	7,600
ヘアアイロン カール	7,600	5,100	6,200	7,600	7,600	7,600	6,200
ヘアアイロン サロニア	6,200	5,100	5,100	6,200	6,200	6,200	6,200
ヘアアイロン 2way	6,200	4,100	4,100	5,100	5,100	6,200	5,100
ヘアアイロン コードレス	6,200	5,100	6,200	7,600	5,100	6,200	6,200
ヘアアイロン 痛まない	6,200	6,200	3,400	6,200	5,100	5,100	4,100
ヘアアイロン 収納	6,200	5,100	4,100	4,100	5,100	5,100	5,100
ヘアアイロン ランキング	5,100	7,600	3,400	3,400	3,400	7,600	3,400
ヘアアイロン 温度	5,100	4,100	4,100	4,100	5,100	5,100	4,100
ヘアアイロン ミニ	5,100	3,400	3,400	5,100	5,100	5,100	5,100
ヘアアイロンブラシ	5,100	5,100	6,200	5,100	5,100	6,200	5,100
ヘアアイロン ケース	3,400	2,700	2,700	3,400	3,400	3,400	2,700
ヘアアイロン 安い	2,700	1,800	2,300	2,300	2,700	3,400	3,400
ヘアアイロン 飛行機	2,300	1,500	1,500	1,800	2,700	2,700	2,700
ヘアアイロン 前髪	2,300	1,500	1,800	1,800	1,800	1,800	1,800
2way ヘアアイロン	2,300	1,500	1,800	2,300	1,800	2,300	1,500
ヘアアイロン やけど	1,800	1,800	2,300	2,300	2,300	1,800	1,800
ヘアアイロン 持ち運び	1,800	1,800	1,800	2,300	1,800	1,800	1,800
ヘアアイロン コテ	1,800	1,500	1,500	1,500	1,500	1,500	1,500
ヘアアイロン レディース	1,500	200	200	940	1,800	1,800	1,800
ヘアアイロン 初心者	1,500	940	940	940	1,200	1,500	1,500
ヘアアイロン クレイツ	1,500	940	940	1,200	1,200	1,500	1,500
ヘアアイロン 26mm	1,200	1,200	1,200	1,200	940	1,500	1,200
ヘアアイロン スタイリング剤	1,200	1,200	1,200	1,200	940	1,500	1,200

● 2019年11月〜2020年4月

キーワード	2019年11月	2019年12月	2020年1月	2020年2月	2020年3月	2020年4月
ヘアアイロン	189,000	232,000	232,000	189,000	232,000	155,000
ヘアアイロン おすすめ	38,100	46,600	38,100	31,200	46,600	31,200
ヘアアイロン メンズ	17,000	20,900	25,500	20,900	25,500	20,900
ヘアアイロン 人気	11,400	13,900	17,000	20,900	13,900	7,600
ヘアアイロン ストレート	7,600	9,300	9,300	7,600	11,400	7,600
ヘアアイロン 使い方	7,600	9,300	9,300	7,600	9,300	6,200
ヘアアイロン カール	9,300	11,400	9,300	7,600	11,400	7,600
ヘアアイロン サロニア	7,600	9,300	9,300	7,600	9,300	6,200
ヘアアイロン 2way	6,200	11,400	9,300	7,600	7,600	5,100
ヘアアイロン コードレス	7,600	7,600	7,600	6,200	5,100	3,400
ヘアアイロン 痛まない	5,100	7,600	6,200	9,300	7,600	5,100
ヘアアイロン 収納	5,100	6,200	6,200	6,200	7,600	9,300
ヘアアイロン ランキング	4,100	11,400	6,200	4,100	5,100	3,400
ヘアアイロン 温度	4,100	5,100	6,200	5,100	6,200	4,100
ヘアアイロン ミニ	7,600	7,600	7,600	6,200	6,200	5,100
ヘアアイロンブラシ	5,100	6,200	6,200	4,100	4,100	3,400
ヘアアイロン ケース	3,400	3,400	4,100	4,100	2,700	1,500
ヘアアイロン 安い	2,700	3,400	3,400	3,400	4,100	3,400
ヘアアイロン 飛行機	2,700	2,700	2,300	2,700	1,200	160
ヘアアイロン 前髪	2,300	2,700	3,400	2,700	3,400	2,300
2way ヘアアイロン	1,800	2,700	2,700	2,300	2,300	1,500
ヘアアイロン やけど	1,500	1,500	1,800	1,500	1,800	1,200
ヘアアイロン 持ち運び	1,800	2,300	2,300	1,800	1,500	830
ヘアアイロン コテ	1,800	2,300	1,800	1,800	2,300	1,500
ヘアアイロン レディース	1,800	2,300	2,300	1,800	2,300	160
ヘアアイロン 初心者	1,500	2,300	1,800	1,800	2,300	940
ヘアアイロン クレイツ	1,500	2,300	1,800	1,800	1,800	1,200
ヘアアイロン 26mm	1,200	1,200	1,200	1,200	1,500	830
ヘアアイロン スタイリング剤	940	1,200	1,200	1,200	1,500	680

Column　ターゲットを具体的に想定することで動画の成果が明確になる

　クチコミ分析によってターゲットユーザーの年齢や性別が具体的に想定できれば、そのうちのどの年齢や性別の人に向けて制作するかが明確になります。ターゲットユーザーを明確に想定して動画を制作すると、動画公開後に視聴データを分析するとき、実際に動画を視聴したユーザーと、企業側として想定していた視聴ユーザーの差があるかどうかを確認することができます。

　たとえば、20代の若年層向けに動画を制作したけれど、視聴データを確認すると、実際には30代から視聴されていたということがあります。このような場合と、ターゲットユーザーが漠然とした状態で動画を制作して、結果として30代から視聴されていたという場合とでは、視聴データに対する見方は変わります。

　想定通りの属性のユーザーから視聴されている場合は、動画の作り方をこのまま継続してよいという判断ができます。逆に、想定と違った属性のユーザーから視聴されている場合は、何が原因かを改めて分析し、次の動画制作に活かす必要があります。

　動画によるマーケティングは、こうしたことを繰り返すことで次第に実現できるものです。動画を制作する前に、誰に視聴してほしい動画であるかを明確にすることが、動画マーケティングを行うための第一歩といえます。

索引

【参考】

- B. A. Bondad-Brown, R. E. Rice, and K. E. Pearce. Influences on TV Viewing and Online User-shared Video Use: Demographics, Generations, Contextual Age, Media Use, Motivations, and Audience Activity: Journal of Broadcasting & Electronic Media 56(4), Broadcast Education Association, pages 471?493, 2012

- Christoph Lagger, and L. Mathias. What Makes People Watch Online Videos: An Exploratory Study: Computers in Entertainment. 15. 10.1145/3034706, 2017

- D. Oard and J. Kim. Implicit feedback for recommender systems: in Proceedings of the AAAI Workshop on Recommender Systems, pages 81-83,1998.

- J. E. Solsman, YouTube's AI is the puppet master over most of what you watch: CNET, 2018

- K. Roose, YouTube's Product Chief on Online Radicalization and Algorithmic Rabbit Holes: The New York Times, 2019

- P. Covington, J. Adams, and E. Sargin. Deep Neural Networks for YouTube Recommendations: Recommender Systems, 2016

- R. D. Oliveira, C. Pentoney, and M. Pritchard-Berman. YouTube Needs: Understanding User's Motivations to Watch Videos on Mobile Devices: MobileHCI 2018

- S. S. Iyengar, & M. R. Lepper, When Choice is Demotivating: Can One Desire Too Much of a Good Thing?: Journal of Personality and Social Psychology, 79(6), pages 995-1006, 2000

- X. Yi, L. Hong, E. Zhong, N. N. Liu, and S. Rajan. Beyond clicks: Dwell time for personalization: Proceedings of the 8th ACM Conference on Recommender Systems, RecSys '14, pages 113-120,New York, NY, USA, 2014. ACM.

- 厚生労働省, 2019,『インフルエンザQ&A』

- 松尾 義博, 富田 準二, 2019,『実践・自然言語処理シリーズ 第6巻 クチコミ分析システムの作り方』近代科学社

- 総務省, 2016,『平成28年度版 情報通信白書』

- 樋口耕一 2020,『社会調査のための計量テキスト分析 —内容分析の継承と発展を目指して— 第2版』ナカニシヤ出版

【著者紹介】

木村 健人（きむら けんと）

株式会社動画屋 代表取締役

1988年生、広島県福山市出身。サンフランシスコ州立大学芸術学部卒。在米中にSNS上で行われる電子コミュニケーションについて研究。ゲーム制作会社及びIT関連会社を経て、動画SEOの黎明期、2016年よりYouTube動画SEOサービスを開始。メーカーを中心に企業公式YouTubeチャンネルを手掛け、視聴回数を大幅に改善させる。現在、大手企業や代理店から多数の依頼を受けている。

●注意
(1) 本書は著者が独自に調査した結果を出版したものです。
(2) 本書は内容について万全を期して作成いたしましたが、万一、ご不審な点や誤り、記載漏れなどお気付きの点がありましたら、出版元まで書面にてご連絡ください。
(3) 本書の内容に関して運用した結果の影響については、上記(2) 項にかかわらず責任を負いかねます。あらかじめご了承ください。
(4) 本書の全部または一部について、出版元から文書による承諾を得ずに複製することは禁じられています。
(5) 商標
本書に記載されている会社名、商品名などは一般に各社の商標または登録商標です。

こうほう ピーアール
広報PR・マーケッターのための
どうが
YouTube動画マーケティング
さいきょう きょうかしょ
最強の教科書

発行日	2021年 7月 7日	第1版第1刷

きむら けんと
著　者　木村　健人

発行者　斉藤　和邦
発行所　株式会社 秀和システム
〒135-0016
東京都江東区東陽2-4-2　新宮ビル2F
Tel 03-6264-3105 (販売)　Fax 03-6264-3094
印刷所　三松堂印刷株式会社　　　　Printed in Japan

ISBN978-4-7980-6205-1 C3055